21世纪普通高等院校规划教材——机械工程

内 燃 机 修 理

主 编　黄 琪　林在犁
副主编　贺泽龙　徐妙侠

U0206338

西南交通大学出版社
·成都·

图书在版编目（ＣＩＰ）数据

内燃机修理／黄琪，林在犁主编．—成都：西南
交通大学出版社，2015.7
21 世纪普通高等院校规划教材．机械工程
ISBN 978-7-5643-4068-1

Ⅰ．①内… Ⅱ．①黄… ②林… Ⅲ．①内燃机－维修
－高等学校－教材 Ⅳ．①TK407

中国版本图书馆 CIP 数据核字（2015）第 170101 号

21 世纪普通高等院校规划教材——机械工程

内燃机修理

主编 黄 琪 林在犁

责 任 编 辑	李 伟	
特 邀 编 辑	张芬红	
封 面 设 计	墨创文化	

出 版 发 行	西南交通大学出版社 （四川省成都市金牛区交大路 146 号）
发 行 部 电 话	028-87600564 028-87600533
邮 政 编 码	610031
网 址	http://www.xnjdcbs.com
印 刷	四川五洲彩印有限责任公司
成 品 尺 寸	185 mm × 260 mm
印 张	11
字 数	273 千
版 次	2015 年 7 月第 1 版
印 次	2015 年 7 月第 1 次
书 号	ISBN 978-7-5643-4068-1
定 价	25.00 元

课件咨询电话：028-87600533

前　言

　　《内燃机修理》一书是编者集多年高校专业教育及生产实践之经验，在认真调查研究，充分反映我国内燃机使用、维修发展现状基础上编写而成的。本书在这次出版前经过多次修改，是多位老、中、青教师辛勤劳动的成果。

　　在本书的编写过程中，力求体现以下特色：

　　（1）注重知识的系统性。

　　本书基本覆盖了内燃机整个大修过程的知识面，是内燃机修理技术的集成。本书包括了零件耗损分析、大修的依据、大修的基本工艺与方法、修复技术与选择等知识。

　　（2）突出知识的实用性。

　　学习的目的是为了解决实际问题，基于这一认识，本书特别注重理论联系实际，突出各种理论分析方法的实用性和可操作性；以理论适度、够用为原则，把烦琐的理论问题通俗化，以求提高学习者解决实际问题的能力。

　　本书共分 6 章，分别是绪论、内燃机修理技术概述、内燃机零件的耗损、内燃机零件的修复技术与选择、内燃机的主要修理工艺、内燃机主要部件或系统的修理。

　　本书适合作为技术应用型高校本科、专科相关专业的教学用书，也适合作为内燃机使用、维护、修理等部门专业技术人员的自学用书，还可作为广大内燃机爱好者合理使用、正确维护内燃机，掌握内燃机故障诊断方法的自学用书。

　　本书由重庆科技学院黄琪、林在犁任主编，贺泽龙、徐妙侠任副主编。参加本书编写工作的还有重庆科技学院热能与动力工程教研室全体教师；热能与动力工程专业 2011 级和 2013 级的部分同学也参加了本书的录入、资料整理工作。

　　本书在编写过程中参考并引用了许多文献资料，为此谨向相关作者表示衷心的感谢！本书的编写还得到了诸多同行专家、朋友乃至家人的帮助和支持，在此一并致谢！同时，由于编者水平有限，书中难免会有不当之处，恳请同行专家及广大读者批评指正。

编　者

2015 年 6 月

目　　录

0 绪 论

内燃机的发明，至今已有 130 多年的历史。若把蒸汽机的发明认为是第一次动力革命，那么内燃机的问世当之无愧是第二次动力革命，因为它不仅是动力史上的一次飞跃，而且其应用范围之广、数量之多也是当今任何一种动力机械无法相提并论的。随着科技的发展，内燃机在经济性、动力性、可靠性等诸多方面取得了惊人的进步，为人类文明的发展做出了巨大贡献。

内燃机是热机的一种，它是将燃料与空气混合，在气缸内燃烧，并依靠燃料燃烧时的燃气膨胀力推动活塞对外做功的机器。内燃机在气缸内实现了两个能量转换，即燃料的化学能通过燃烧转变为热能、热能通过膨胀转变为机械能。

0.1 影响内燃机技术状况变化的主要因素

内燃机在运行过程中，影响其技术状况的因素很多，其中最主要的是零件的磨损。影响零件磨损的因素有零件结构及材质加工质量、运行条件、油料品质、操作技术、技术保养及修理质量等。

1. 零件结构及材质加工质量

提高零件表面的加工质量和增加其表面硬度，均能提高零件的耐磨性，降低零件的磨损速度，提高零件的使用寿命，如活塞环镀铬。铸件零件表面高频淬火，可提高耐磨性，延长其使用寿命。缸套采用铬、钼、钒的合金材料之后，其磨损量比一般铸铁的缸套磨损可减少75%左右。

在结构上应采用先进的技术，如进气系统空气滤清器，滤芯采用高效纸芯，润滑系统内设粗、细滤清器等；曲轴箱强制通风，驱出窜入曲轴箱的燃料蒸气和燃烧产物，可减少润滑油的变质，避免润滑油对机件产生腐蚀；冷却系统内加节温器和润滑系统中装散热器，能使内燃机处于正常温度下工作。这些结构装置都能使内燃机磨损减少，使其寿命延长。

2. 运行条件

运行条件主要是指周围的气温和工作环境。冬季寒冷地区内燃机启动困难，润滑状况变坏，磨损加剧；夏季炎热地区发动机过热，润滑油变稀，润滑不良，导致零件磨损加剧。

工作环境对内燃机的磨损也有很大影响，特别是现场的灰尘、风沙都会加速内燃机的磨损。

3. 油料品质

燃料的品质是否适合内燃机的结构和使用条件，对零件的磨损有很大的影响。如采用辛烷值过低的汽油，将会使汽油机工作时引起爆燃，降低汽油机的动力性与经济性，并增加零件的磨损。

燃料的含硫量对内燃机的腐蚀影响很大。含硫量增加，内燃机的腐蚀磨损也增加。当汽油的含硫量超过0.15%、柴油的含硫量超过0.71%时，气缸的腐蚀磨损增加剧烈。

当柴油的十六烷值低于40时，燃料在柴油机中发火性能不好，使着火落后期延长，燃烧时易发生爆燃，使曲柄连杆机构冲击负荷增大，加速了机件的磨损。

润滑油品质对零件磨损的影响因素，主要是黏度和油性。黏度过高、过低都会使润滑条件变坏，加速零件的磨损，所以应根据季节和温度的不同，合理选择润滑油，使之适合机件的结构和工作条件，才能减少零件的磨损；油性是表示润滑油在零件表面的吸附能力，提高润滑油的油性，可以大大降低零件的磨损。

4. 操作技术

操作技术的熟练程度、正确与否对内燃机技术状况的影响极大。在使用中，相同的内燃机，即使在同样条件下运行，由于操作技术和操作方法不同，其技术性能的变化情况也是不一样的。如内燃机启动前的检查、准备摇车及启动后的暖车、离合器接合等的操作技术，对内燃机零件的磨损及寿命都有影响。

5. 技术保养及修理质量

内燃机在使用过程中，是否按照保养周期及时进行保养和及时修理，并保证修理的质量，对内燃机的技术状况有很大影响。如及时对各机构进行润滑、调整、检查、紧固和消除故障，则能较长时间保持完好的技术性能，减少零件的磨损和故障的产生，延长内燃机的使用寿命；相反，如不认真进行预防保养，不遵守预防保养周期和规定的作业内容，就不可能避免使用内燃机的性能急剧变坏，甚至不能使用。如不重视空气滤清器的作用，未及时清洗保养，就会使其丧失滤清能力、过滤性下降，引起内燃机迅速磨损。因此，及时而认真地进行技术保养作业，按需要及时进行修理，可以提高内燃机的完好率，延长大修周期。

0.2 内燃机技术管理

0.2.1 内燃机技术管理的基本概念

内燃机作为一种复杂的机械产品，其技术管理工作应属于设备管理的范畴。内燃机技术管理是指对内燃机的规划、选配、使用、检测、维修、改装、改造、更新与报废全过程的综合性管理。它包括内燃机实物形态管理和内燃机价值形态管理。

所谓内燃机实物形态管理，是指内燃机从选型、使用、维护、修理直至报废的全过程对设备实物形态运动过程的管理。

所谓内燃机价值形态管理，是指在整个设备寿命周期内包含的最初投资、使用费用、维修费用的支出，以及折旧、技术改造、更新资金的筹措与支出等，其构成了设备价值形态运动过程的管理。

从管理工作的性质来看，内燃机实物形态管理是建立在实用技术基础上的管理；内燃机价值形态管理是建立在经济思维基础上的管理。因此，内燃机实物形态管理更注重操作规程的建立、维修技术的优化、技术档案的完善等方面的工作；而内燃机价值形态管理则更注重于经济定额、经济效益、运行效能等方面的分析。两者的有机结合构成了完备的内燃机技术管理体系。

内燃机技术管理可分为前期管理、中期管理和后期管理。其中，内燃机规划、选配、安装、新机接收以及内燃机使用前的准备，是内燃机的前期管理；内燃机使用、检测、维护、修理是内燃机的中期管理；内燃机改装、改造、更新、报废是内燃机的后期管理。内燃机运行技术管理、内燃机技术档案管理、内燃机技术状况等级鉴定管理、内燃机技术经济定额指标管理以及内燃机租赁、停放、封存和折旧等，都属于内燃机基础管理的范畴。

要做好内燃机技术管理工作，必须遵循以下原则：

"预防为主"——内燃机技术管理的基本原则，只有做好事前的预防性工作，才能使内燃机经常保持良好的技术状况，尽量减少故障频率，保证安全生产，充分发挥内燃机的效能，降低消耗，延长其使用寿命。

"择优选配"——内燃机在购置前就要首先考虑市场的具体情况和运行条件，合理确定各种不同机型的最佳配比关系（如大、中、小型的比例等），满足实际使用的需要。

"正确使用"——内燃机在使用过程中一定要根据内燃机性能、结构和运行条件等，掌握内燃机的操作和运用规程，正确使用。

"定期检测"——运用现代化的技术手段，定期正确判断内燃机的技术状况。它包括两重含义：一是对所有从事运行的内燃机视其类型、新旧程度、使用条件和使用强度等制定定期检测制度，使其在运行一定时间后，按时进行综合性能检测，以达到控制内燃机技术状况的目的，同时这种方法也可通过对维修的内燃机定期抽检，监督维修质量；二是定期检测结合维护定期进行，以此确定维护附加作业项目，掌握内燃机技术状况变化规律，同时通过对内燃机的检测诊断和技术鉴定，确定内燃机是否需要大修，以便施行视情修理。

"强制维护"——在计划预防维护的基础上进行状态检测的维护制度。它坚持预防为主的方针，对内燃机按规定的运行时间间隔进行强制维护，在执行计划维护时结合状态检测，确定附加维护作业项目，以便及时发现和消除故障、隐患，防止内燃机早期损坏。

"视情修理"——是随着检测诊断技术的发展和维修市场变化而提出的。内燃机经过检测诊断和技术鉴定，根据需要确定修理时间和项目（包括作业范围、作业深度），这样做既可以防止延误修理而造成技术状况的恶化，又可以避免提前修理而造成的浪费。

综上所述，内燃机技术管理的原则概括起来，就是预防为主和技术与经济相结合的全过程的综合性管理。内燃机技术管理的目的是以最小的花费，取得最佳的投资效果。

0.2.2　内燃机的技术经济定额管理

内燃机的技术经济定额是运行和维修业户在一定的生产条件下进行生产和经济活动时所应遵守或达到的限额，是施行经济核算、分析经济效益和考核经营管理水平的依据。

0.2.2.1　技术经济定额指标

内燃机运行企业的主要技术、经济定额和指标包括燃料消耗定额、润滑油消耗定额、内燃机平均技术等级、内燃机完好率、内燃机维护与小修费用定额、内燃机大修间隔时间定额、内燃机大修费用定额、内燃机新度系数、小修频率等。

1. 内燃机维护与小修费用定额

内燃机维护与小修费用定额是指内燃机每运行一定时间，维护与小修耗用的工时和物料费用的限额，按机型和维护级别等分别鉴定。对由于机械事故造成的内燃机各总成需修或更换费用，应按事故费处理，不列入小修费用。

2. 内燃机大修间隔里程定额

内燃机大修间隔里程定额是指新机到大修，或大修到大修之间所运行的里程限额，按机型和使用条件等分别制定。内燃机运行时间达到大修间隔里程定额时，可进行技术鉴定，在技术允许、经济合理的条件下，可规定补充运行定额。

3. 内燃机大修间隔时间定额

内燃机大修间隔时间定额是指新内燃机到大修，或大修到大修之间所使用的时间限额，按型号和使用燃料类别等分别制定。

4. 内燃机大修费用定额

内燃机大修费用定额是指内燃机大修所耗工时和物料总费用的限额，按内燃机类别和形式等分别制定。它是考核经营管理水平的一项综合性定额。

5. 内燃机新度系数

内燃机新度系数是综合评价使用单位内燃机新旧程度，保持运行生产力和后劲的一项重要指标，可用下式表示：

$$F = C_g/C_y \tag{0-1}$$

式中　F——内燃机新度系数；

C_g——年末单位全部运行内燃机固定资产净值；

C_y——年末单位全部运行内燃机固定资产原值。

一般来说，运行单位内燃机新度系数呈逐年自然下降的状态，对它的数值要求应稍有下降，保值或增值应视单位的具体情况而定，一般不低于 0.52。

6. 小修频率

小修频率是指每运行 100 h 发生的小修次数（不包括各级维护作业中的小修）。

技术经济定额指标是内燃机管理的主要内容之一，内燃机主管部门、运行和维修业户都必须加强技术经济定额指标的管理。

0.2.2.2　技术经济定额的制定

1. 技术经济定额的制定

技术经济定额可由省、自治区、直辖市相关厅（局）组织制定和修订，施行分级管理。各单位可根据上级部门颁发的技术经济定额，制定本单位的技术经济定额。各级内燃机技术管理部门应配备专职管理人员，明确各自的职责，进行有效管理。

制定技术经济定额常用的方法有三面统筹法、比例法和系数法。

（1）三面统筹法。

三面统筹法是适当地选择内燃机运行单位先进面、总体平均面和落后面的比例制定出平均先进定额的一种方法。

$$A = A_1Q_1 + A_2Q_2 + A_3Q_3 \tag{0-2}$$

式中　A ——平均先进定额；

　　　A_1 ——先进面上的平均定额；

　　　A_2 ——总体面上的平均定额；

　　　A_3 ——落后面上的平均定额；

　　　Q_1 ——先进面所占百分比，约 30%；

　　　Q_2 ——总体平均面所占百分比，约 50%；

　　　Q_3 ——落后面所占百分比，约 20%。

三面统筹法适用于制定工时消耗定额、材料消耗定额等，特点是定额比较稳妥，能够从整体出发，照顾后进。使用时要注意先进面、总体平均面和落后面各占的百分比不能相差太悬殊。若对计算出的平均先进定额不满意，可调整先进面、总体平均面和落后面的比例，重新确定定额。

（2）比例法。

比例法是把最先进的水平、最可靠的水平和最保守的水平，按 1∶4∶1 的比例进行平均计算。公式如下：

$$A = (A_4 + A_5 \times 4 + A_6)/6 \tag{0-3}$$

式中　A_4 ——最先进水平的平均定额；

　　　A_5 ——最可靠水平的平均定额；

　　　A_6 ——最保守水平的平均定额。

比例法适用于制定增长性定额，如内燃机大修间隔、内燃机维修质量等；不适用于降低性定额，如大修工时和物料消耗定额。

（3）系数法。

系数法是在平均定额的基础上，根据年度计划指标，确定一个相应的增减系数来进行计算。公式如下：

$$A_7 = 1 + \delta \tag{0-4}$$

式中　A_7 ——年度平均定额；

　　　δ ——系数。

2. 技术经济定额的修订

技术经济定额一经制定，应有严肃性且保持相对稳定，但随着使用条件的改善和技术的进步，一定时期可作必要修订，以保证定额的合理性。

3. 技术经济定额指标的考核

技术经济定额指标的考核应分类进行，如对操作工考核油耗、维护等；对维修工考核维护与小修费用、大修费用、大修间隔时间等；对维修工考核内燃机完好率、平均技术等级、内燃机维护与小修费用等；对维修工考核内燃机完好率、平均技术等级、内燃机新度系数等。内燃机完好率、平均技术等级、内燃机新度系数这三项指标是综合体现企业技术管理水平、技术装备素质和企业发展后劲的主要指标，考核这些指标，对企业保持生产持续、稳定、协调发展，克服内燃机使用短期行为有着重大作用，有利于实现内燃机的良性循环（包括内燃机不断更新）。

0.2.3　内燃机技术档案

内燃机技术档案是指内燃机从新机购置到报废整个运用过程中，记载内燃机基本情况、主要性能、运行使用情况、主要部件更换情况、检测和维修记录以及事故处理等有关汽车资料的历史档案。这种档案为了解内燃机性能、技术状况及掌握内燃机使用、维修规律，为内燃机维修、改造和配件储备提供技术数据和科学依据，也为评价技术管理水平的高低提供依据，还可为内燃机制造厂提高制造质量提供反馈信息。因此，它是内燃机技术管理中的一项重要的基础管理工作，应认真做好这一项工作。

0.2.3.1　内燃机技术档案的建立

各内燃机运行单位和个人必须逐机建立内燃机技术档案，并应认真填写，妥善保管。内燃机技术档案的格式由各省、自治区、直辖市相关厅（局）统一制定，以使其内容和格式做到统一，便于管理。

内燃机技术档案应作为审核企业的依据之一。政府相关管理部门要督促指导企业和个人建立内燃机技术档案，对未建档案或档案不完整的内燃机，政府相关管理部门应不予审核通过。

内燃机技术档案一般由单位负责建立，由单位的设备管理技术人员负责填写和管理。为了适应总成互换修理，内燃机技术档案也可按总成立卡，随总成使用归入内燃机技术档案内。内燃机在检测、维修、改造时，必须随技术档案进行有关项目的填写。内燃机办理过户手续时，技术档案应完整移交，接收内燃机单位应注意查收内燃机技术档案。内燃机被批准报废后，管理技术员办完报废处理手续并记入技术档案中，然后将技术档案上交有关部门保存。

0.2.3.2　内燃机技术档案的管理

内燃机技术档案一般在单位由设备管理技术人员负责填写执行，单位技术管理部门应定期进行检查。对内燃机技术档案管理的要求如下：

① 记载应做到及时、完整和准确。及时就是指档案中规定的内容，要按时记载，不得拖延，不允许采用在一定时期以后，以"总算账"的方法追记；完整就是要按规定内容和项目要求，一项不漏地记载齐全，不留空白；准确就是要一丝不苟、实事求是地记录，使其真实可靠。

② 专人负责，职责分明。设备管理技术人员是技术档案的具体负责人，负责填写、执行和保管，并负全部责任。

③ 技术档案需妥善保存，内燃机报废后应上交相关部门。

0.2.4 内燃机运用效能管理

0.2.4.1 内燃机停放、封存与租赁

内燃机停放、封存和租赁是内燃机技术管理的一项经常性工作，也是关系到保护内燃机，延长其使用寿命的一项比较重要的工作。

1. 内燃机停放

凡部分总成的部件严重损坏，在较长时间内配件无法解决又不符合报废条件的内燃机，机型老旧无配件供应但尚有改造价值的内燃机，由使用管理单位作出技术鉴定，按机型、数量、停放原因和日期上报企业主管部门批准停放。经批准停放的内燃机，应指定专人负责妥善保管，并积极创造条件修复，以恢复运力。汽车在停放期间，应选择适当地点集中停放（与完好机隔开），原车机件不得拆借、丢失。内燃机在恢复运行前，应进行一次认真的维护作业，经检验合格后才能参加运行。

2. 内燃机封存

凡技术状况良好，因其他原因（主要指设备过剩、燃料短缺等非技术性原因）需要较长时间（如半年以上）停放的内燃机，按规定办理审批手续后可作封存处理，并报上级主管部门备案。封存期间不进行效率指标考核，但一定要做好停放技术处理，妥善保管，定期做必要的维护，保持状况良好。启封使用时，要进行一次认真的维护作业，经检验合格后方可参加运行。

内燃机的停放与封存情况，应记录在内燃机技术档案和维修卡上，停放、封存机的维修卡，要交回管理部门，否则不予办理有关手续。

3. 内燃机租赁

随着改革开放形势的发展，出现了内燃机租赁的情况。加强租赁内燃机的管理，对保持其良好技术状况具有重要作用。内燃机租赁期限一般不宜过短，以一个大修周期为宜。在内燃机租赁期间，应按规定填写内燃机技术档案，认真执行强制维护、视情修理制度，保持机况良好。租赁内燃机的技术档案、技术经济指标完成情况和技术状况等级情况（包括租赁期满后的机况要求）等考核内容，由出租和承租双方同时记录和考核，应在签订租赁协议时予以明确。

0.2.4.2 内燃机改装与改造

内燃机的改装、改造是内燃机技术管理不可缺少的组成部分，是提高装备技术水平和取得良好经济效益的重要手段。符合"技术上可靠、经济上合理的原则"的内燃机改装、改造，将对充分发挥内燃机效率、满足市场需要、改善内燃机技术状况和提高经济效益起到积极的促进作用。

1. 内燃机改装

为适应市场的需要，经过设计、计算、试验，将原机型改制成其他用途的内燃机，称为内燃机技术改装。内燃机改装必须满足两个条件：一是必须改变原机型的用途；二是必须经设计、计算、试验后进行改制。两条缺一不可，否则就不能算为内燃机改装。

内燃机改装的目的是为了适应市场需要，提高效率，降低运行消耗。

2. 内燃机改造

内燃机改造，也必须满足两个条件：一是必须改变内燃机的部分结构以达到改善其技术性能或技术状况的目的；二是必须有设计、计算和试验等程序。

内燃机技术改造的主要目的是为了延长内燃机使用寿命，或用先进技术取代陈旧技术，使内燃机经过改造后性能有所提高，消耗有所下降，经济效益显著。

内燃机改装和改造必须事前进行技术经济论证，符合技术上可靠、经济上合理的原则。也就是说，只有在通过对改装、改造方案的定性、定量分析，说明其技术上是可行的、经济上是合理的之后，才能进行内燃机的改装和改造。

改装和主要总成改造后的内燃机，必须经一定的试验或综合性能检测站测试，检验实际效果，发现存在的问题，然后加以改进，最后由主管部门组织专家进行技术鉴定，认定达到设计目标及满足使用要求的，方能成批生产或出厂。内燃机改装完工后，应到相关部门办理内燃机变更手续。

改装、改造内燃机应有计划、有步骤地进行，改装后的内燃机机型应尽可能向单位原机型靠拢，一般不应增加机型和自重。内燃机改造不可过多地改变原机结构，特别是进口内燃机，在索赔期内不得进行改装、改造。

0.2.4.3 内燃机折旧、更新与报废

内燃机是企业的主要生产工具或动力设备，企业为了实现高产、优质、安全、低耗、提高产品质量，应优先采用技术先进、材质优良、性能优越、款式新颖的内燃机，同时应加速更新陈旧的内燃机，进一步增加产量，提高质量。此外，内燃机又是企业固定资产的一个重要组成部分，提取折旧率的高低及维护费率的大小都会直接影响企业的经济效益，因此研究合理的内燃机折旧率、内燃机更新率等，对相关企业具有重要的意义。

1. 内燃机折旧

内燃机折旧的方法一般有两种：一种是以内燃机运行的总工作时间为依据的折旧法；另一种是以使用年限即机龄为依据的折旧法。

内燃机折旧基金必须严格按照国家规定提取，专款专用。折旧基金只能用于内燃机的更新改造和技术进步，不得挪作他用。

2. 内燃机更新

内燃机更新是单位维持简单再生产和扩大再生产的基本手段之一，是降低运行消耗、提高经济效益的重要措施，而且内燃机更新与其折旧资金的提取使用和内燃机新度系数有密切关系。因此，内燃机更新工作是单位领导、技术管理部门及其他有关部门的重要职责，必须认真做好。

以新内燃机或高效率、低消耗、性能先进的内燃机更换在用内燃机，称为内燃机更新。

内燃机更新包含四个方面的含义：① 同类型新内燃机替换在用内燃机；② 高效率、低消耗、性能先进的内燃机替换性能差的在用内燃机；③ 在用内燃机尚未达到报废程度，但性能较差而被替换；④ 在用内燃机已达报废条件而被替换。

3. 内燃机报废

内燃机经过长期使用后，技术性能变坏、小修频率增加、效率降低、运行材料消耗增加、维修费用增高、经济效果不好。因此，内燃机使用后期必然导致报废。内燃机报废应严格掌握内燃机报废的技术条件，过早报废必然造成浪费；过迟报废则增加成本，影响更新，也不符合经济原则。

对需要报废而尚未批准的内燃机，要妥善保管，严禁拆卸或挪用其任何零件和总成，对于已经批准或确定报废的内燃机，管理部门应及时报废。凡经批准报废的内燃机，要在技术档案上记录报废的原因、批准文号、折旧（净值）等内容。

修理是对内燃机有形磨损的局部补偿，改装、改造是对内燃机无形磨损的局部补偿，更新是对内燃机整个磨损的全部补偿，报废在一般情况下是内燃机更新后的必然趋势。在报废问题上，一要防止提前报废，造成浪费；二要防止过于老旧，造成维修和运行材料费用过高，安全性变差。

1 内燃机修理技术概述

1.1 内燃机修理的目的、依据及分类

1.1.1 内燃机修理的目的

内燃机修理的目的，是内燃机在经过长期的使用后，发生自然磨损和损伤，或因不当使用，造成内燃机技术参数的下降，甚至丧失了工作能力，经过修理，使其基本上达到或恢复内燃机原有的技术状况和性能，保证内燃机能够继续使用。

内燃机修理是内燃机所有零件及各辅助总成修理的总和。修理作业的主要目标是使其能够正常运转，可靠工作，并杜绝故障的发生。这就需要每个修理人员应全面掌握内燃机结构、性能及使用知识，不断总结和丰富修理实践经验，只有这样才能达到修理的真正目的。

1.1.2 内燃机修理的依据

内燃机经长期运转，零件超过磨损极限，或因为使用操作不当，造成内燃机运行技术参数下降，经过检测，有以下情况时，则需拆散进行彻底检查、修理和调整。

（1）测量气缸压力：在水温达 70 ℃，内燃机转速在 100～150 r/min 时，用气缸压力表检测，其数值达不到该机型标准的 75%时。

（2）机油消耗：如每升机油维持内燃机运转时间低于标准的 40%。

（3）燃油消耗：如每升燃油维持内燃机运转时间低于标准的 60%。

（4）气缸磨损：其圆柱度误差达到 0.175～0.250 mm，或圆度误差已达到 0.050～0.063 mm（以磨损最大的一个气缸为准）时。

（5）内燃机加速性能明显降低时。

（6）燃油和机油消耗量明显增加时。

（7）出现不正常的噪声和金属敲击异响时。

（8）内燃机不能正常运转，或根本不运转时。

（9）内燃机修理间隔规定期达到修理期限时。

（10）其他重大损伤事故时。

现代内燃机的修理通常是把内燃机拆卸下来，进行清洗、分解、分析、检查、校正、加工、装配与调整。这一系列过程称为内燃机的分解修理或内燃机的大修。

有时使用镗缸机将已磨损的气缸镗圆，恢复其原有的动力性、经济性，或重新修磨曲轴等，恢复内燃机原有的性能，这种修理称为内燃机的镗修。

1.1.3　内燃机修理的分类

按照不同的修理对象和不同的作业范围，内燃机修理可以分为大修、中修和小修。

1. 小　修

内燃机小修是一种维护性修理。它是对内燃机的个别易损件或工作中临时出现的故障所必须进行的修理工作。这类修理工作，有的属于对机构的必要调整，大部分属于对故障零件的更换，以区别于维护保养中的调整。内燃机小修一般不易事前计划，却又必须及时进行。内燃机小修是根据机况临时确定对某一零件或某一总成进行更换或修理，以排除机械在使用中发生的临时故障或局部损伤，恢复机械正常工作状况。小修一般只更换易损件，不更换基础件。小修对防止机械损伤事故起重要作用，并应与保养结合进行。

2. 中　修

内燃机中修是一种平衡性修理。它是在两次大修之间，对某些部件进行的一次计划性修理，其目的是使各主要部件的工作期限趋于平衡。中修是对以内燃机为动力的机械，在两次大修之间，有计划进行的平衡性修理。新机或大修后的机械，经过一定时间的使用，有的总成磨损较快，有的总成磨损较慢，这种技术状况的不平衡，使机械不能协调一致地正常工作。因此对发动机和另外 1~2 个总成进行大修，对其他各总成全面进行三级保养并排除发现的一切故障，以调整各总成之间的不平衡状态，恢复机械的正常工作状态，尽可能延长大修间隔期。

3. 大　修

内燃机大修是一种彻底的恢复性修理。它的目的是通过这一修理工作，彻底恢复内燃机的技术性能，保证其工作能力，延长其使用寿命。大修时，将内燃机解体成零件，并对零件进行清洗、检修和分类，然后更换不可修复的零件，并修复需要修复的零件，最后把合乎要求的可用零件按大修技术标准进行装配、试验，以达到恢复内燃机技术性能的目的。

大修是有计划进行的全面恢复性修理，机械使用到大修修理间隔期后，大部分零件甚至有些基础件达到极限磨损程度，使机械各方面性能显著下降。因此必须进行一次全面、彻底的修理，全面检查每个零件，修复或更换不符合大修要求或免修的零件，按大修技术条件重新装配，基本上恢复原有的动力性能、经济性能和机件的坚固性能，全面恢复内燃机的工作状况。

1.2　内燃机修理的基本方法和工艺过程

1.2.1　内燃机修理的基本方法

内燃机修理的方法很多，对于已经损坏的零部件有 3 种对策：① 无法修复或没有修复价值的零件予以更换；② 为了节省加工成本，有些局部磨损的零件，可以通过调整或换位等方法进行修复，如有些配气机构的气门挺杆可用改变螺栓和螺母的相对位置来维持挺杆规定的长度；③ 必须通过加工修复的零件，根据其损坏性质，选用合理的加工方法予以修复。

1. 机械加工

（1）机械加工的修理尺寸法。

机械加工的修理尺寸法就是将零件机械加工至修理尺寸，如气缸、曲轴等都具有修理尺寸。如果一个零件加工至修理尺寸，则另一与其相配合的零件也必须有相应的修理尺寸。这两零件配合之间具有一定的标准间隙。用修理尺寸法恢复磨损的配合件，是对配合中的一个零件进行加工，使它具有正确的几何形状，而根据加工后零件的尺寸更换另一个零件，以恢复配合件的工作能力，如活塞与气缸、曲轴轴瓦与曲轴轴颈、连杆轴瓦与连杆轴颈等。

（2）附加零件法。

附加零件法是将零件磨损的工作面加工至可以安装附加衬套的尺寸。当配合零件磨损时，将配合零件分别进行机械加工，得到正确的几何形状，然后在配合件中增加一个附加零件，以恢复原配合。一般该方法用于表面磨损较大的零件，如气门座等。

（3）零件局部更换法。

零件局部更换法是从零件上除去磨损部分，制造这一部分的新品，并使其与零件的余留部分焊接在一起。局部更换法是只更换零件上损坏部分的修理方法，如齿轮组中某一齿轮磨损严重，可将磨损部分退火后切去，更换新齿圈后，在接缝处进行焊接，使齿轮得到修复。

2. 压力加工

压力加工法可分为镦粗、冲大、缩小、伸长和压花，它们是将零件非工作部分的金属转移至磨损处。如镦粗气门工作表面和青铜衬套、冲大活塞销、缩小空心零件的内径（青铜衬套）、伸长各种拉杆和气门杆；又如轴表面压花，会使轴的工作表面个别区域向外挤出少许加大，从而恢复了必需的配合尺寸等。

3. 重新浇铸耐磨合金

重新浇铸巴氏合金和重新浇铸铅青铜合金的方法，是先除去已磨损的合金，做好轴承瓦片的浇铸准备工作，浇铸上新合金，再将轴承轴瓦加工至标准或修理尺寸，如曲轴轴承轴瓦、连杆轴承轴瓦合金的重新浇铸。

4. 焊 修

（1）振动堆焊。

振动堆焊的特点是堆焊层厚、连接强度高、耐磨、受热影响小、变形小，内燃机上使用最多的是堆焊曲轴等。

（2）气焊。

气焊是利用可燃气体（乙炔气）处于氧气中燃烧时产生的热量，将焊件和焊丝熔化而焊接金属，故又称氧焊。其特点是简单易行。它可焊气缸体及壳类零件的损伤裂纹等。

（3）电焊。

电焊是利用电极间或电极与焊件间所产生的电弧热量熔化金属进行焊接。电弧焊所用的金属焊条是电极又是填充金属。它操作方便，被广泛应用，在内燃机修理中用来修复裂纹、破裂和折断等损坏的零件。

5. 电　镀

电镀是将金属工件浸入电解质（酸类、碱类、盐类）溶液中，并以工件为阴极通入直流电，当电流通过电解质溶液时，便发生电解现象，溶液中的金属析出，在工件表面上形成一层金属镀层积物，这样的一个过程叫作电镀。目前，用来修复磨损零件的金属电镀有镀铬、镀钢、镀铁和镀铜。

（1）镀铬。

内燃机修理中镀铬用得很多。它除增加金属表面的耐磨性外，还能将零件表面修复到标准尺寸。镀在表面上的一层铬，具有高的硬度，能耐热、耐腐蚀及耐磨损。镀铬层导热性比钢和铁好，摩擦系数小，镀层与钢、镍、铜基体金属的结合力很强。因此，镀铬最适合修复磨损的零件，特别是恢复磨损量不大的零件，如活塞销、曲轴轴颈、凸轮轴轴颈、气门杆等。

多孔性镀铬在内燃机修理中也得到广泛的应用。如镀了一层多孔铬的活塞环，它的磨损可降低到 2/3，气缸上部磨损可降低到 5/7，机油损耗也随之降低到 2/3。点状多孔铬层磨合性好，适合于镀活塞环；沟状多孔铬层适合于镀气缸套。

（2）镀钢。

镀铬只适合于修复磨损较小的零件。但内燃机上有许多零件的磨损往往是较大的（如曲轴轴颈），所以在镀铬层下面衬以较容易镀（而且经济）的镀层，并能和基体金属以及镀铬层牢固连接。因此先镀钢而后镀铬，可以达到这个目的。

（3）镀铁。

不对称交直流电低温镀铁，具有镀层厚、硬度高、结合力强、耐磨、无毒、成本低、省电、质量稳定、简便易行等优点。镀件接阴极，阳极由普通低碳钢制成，它在镀铁过程中被熔解。镀铁经过起镀、过镀、镀铁、镀后处理等几个过程，其作用与镀钢相同。

（4）镀铜。

镀铜与镀钢一样，也是在镀铬层下面衬以一层镀层基体。内燃机修理中主要用来修复内径和用压力方法修复青铜衬套的外径。镀铜有无毒镀铜、快速无毒镀铜两种。

6. 金属喷镀

金属喷镀在内燃机和机械修理方面应用甚广，已有许多年的历史。它主要用于修复曲轴、凸轮轴等，以及填补零件不重要的裂缝，如气缸和气缸盖外表面上的裂缝。与焊接比较，它的喷镀层较厚，受热变形小，温度低（低于 70 ℃），不会破坏零件的热处理组织性能。另外，喷镀层还具有硬度高、耐磨损的特点。金属喷镀就是把熔化的金属用高速气流喷敷在已经准备好的零件表面上。用电弧熔化金属叫作电喷镀；用乙炔火焰熔化金属叫作气喷镀。电喷镀设备简单、成本低、使用方便。

7. 电火花加工

金属电火花加工的特点是直接利用电能来除去金属或覆盖金属层。它是以电蚀作用为基础的。在电路中两电极之间产生的火花往往会破坏电极的表面（破坏是不均匀的），同时金属微粒由阳极移向阴极而焊接在阴极上，从而形成金属转移现象，这种现象称为电蚀。

利用火花放电的特点和电蚀的作用，可以修复内燃机上受磨损或损伤的零件。当将内燃机零件作为火花放电中的阳极时，即可从零件上除去金属；当将零件作为火花放电中的阴极时，即可将阳极上的金属镀到零件上。

8. 黏结胶补

黏结胶补是利用化学黏结剂与零件之间所起的结合作用，来黏结零件或黏补零件的裂纹、孔洞等缺陷。常用的有环氧树脂、酚醛树脂和木精胶黏结剂。

环氧树脂又称万能脂，是由二酚基丙烷与环氧氯丙烷在氢氧化钠介质中缩合而成的，因分子结构中含有环氧基，故称环氧树脂。它不仅有良好的机械性能及耐热性，而且有防水、防腐蚀、抗酸碱的性能，硬化后还具有收缩性小、黏结力强、耐疲劳等优点；但也存在着不耐高温、不耐冲击的缺点。因所需设备简单、制作容易、操作方便，故仍多采用。

酚醛树脂可以单独使用，也可和环氧树脂混合使用。单独使用现成的酚醛树脂，具有良好的黏结强度，耐热性也好；但缺点是脆性大，不耐冲击。

木精胶是部分聚合成浓甘油状糖浆的木精，常用于绝缘零件、气缸体、水套等的黏结。

1.2.2 内燃机修理的工艺过程

内燃机大修工艺过程示意图如图 1-1 所示。

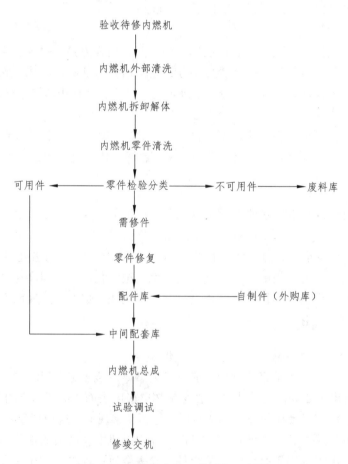

图 1-1 内燃机大修工艺过程示意图

1.3 内燃机修理作业中的劳动保护

劳动保护是在生产过程中对工人的人身安全和设备的安全进行的必要的保护措施。随着科技的发展、各种机械的使用，使劳动生产率有了极大的提高，但故障率和事故损失率也在不断增加，从而使人们开始认识到安全生产的必要性。现代的生产车间都在提倡"安全第一、预防为主"的劳动保护方针，消除事故的根源，保护广大职工的人身财产安全，促使社会不断向前发展。

以人为本是科学发展观的本质和核心，全面、协调、可持续发展是科学发展观的基本内容。安全生产着眼于人，旨在保护劳动者的生命安全和健康，体现了以人为本的先进思想和科学理念；大力改善各类企业的安全状况，防范和控制各类伤亡事故，大幅度减少事故损失，是全面、协调、可持续发展的基础和前提。

劳动保护越来越被人们所重视，在内燃机修理行业中，安全生产也被列入了工厂的规章制度之中，成为了行业有效的劳动保护措施。在内燃机修理过程中，从进厂到出厂有无数的工作需要去做，每一项工作由于其性质和接触到的工件、油质、化学物质的不同，就有不同的保护措施。

1.3.1 修理场所与劳动保护

工场的布局直接影响着工人的情绪。在一个修理车间如果各种装置和设备都摆放得整整齐齐而又保持清洁，工人的心情就会舒畅，工作起来就会井井有条，从而使劳动生产率极大地提高，安全生产就有保障。

从防止事故和工业卫生的观点出发，提出良好的环境和严密规划的工场布局是至关重要的。在各种修配机器之间或各个不同工艺之间要有一定的安全距离。如果工场过分拥挤，使得事故的危险性会不断增加，不利于工人的安全保护。一些噪声较大的车间不但要有消音设备，而且要与其他车间隔开，从而防止噪声过高影响工人的情绪而出现意外事故。

另外，内燃机修理车间到处都有可燃的油料，在每个厂房内都应设有防火设备，并应制定一系列的安全规则，防止火灾的发生；在有污染的车间必须设强制通风设备，降低内部污染；各厂房之中，必须安装照明设备，以防光线过暗而发生不该发生的事故；但对于一般小型修配厂（修理小型内燃机），厂房只有一个，那就更需要有严密的规划，方能提高效率，减少事故的发生。

综上所述，总结工作场所的防护要求主要有以下几点：

① 劳动场所布局要合理，保持清洁、整齐。有毒、有害的作业，必须有防护设施。

② 生产用房、建筑物必须坚固、安全；通道平坦、畅通，要有足够的光线；为生产所设的坑、壕、池、走台、升降口等有危险的处所，必须有安全设施和明显的安全标志。

③ 有高温、低温、潮湿、雷电、静电等危险的劳动场所，必须采取相应的有效防护措施。

1.3.2 修理过程中的劳动保护

1. 内燃机外部清洗过程中的劳动保护

一般内燃机在解体之前都要对其外部进行清洗，以清除内燃机由于泄漏等不同原因造成的机体油污和灰尘污垢。

现代修理厂一般都采用机械清洗方法清洗内燃机，从而极大地提高了劳动生产率，然而这种机械清洗又常常造成工人操作方面的事故。因此在使用各种清洗设备中要特别注意保护，如在使用高压喷刷清洗机时，由于这种清洗机是由电动机带动电柱塞泵使水升压后喷入水枪或旋转喷刷器，在使用过程中要特别注意电机漏电而发生触电事故，对此工人必须戴橡胶绝缘手套；另外要防止水溅到清洗机上，避免清洗机漏电；同时还要求清洗机喷出的高压水流不要对准其他工人，以免发生事故，对清洗工人要求穿有防水的衣服，穿防水鞋，工人最好戴上眼镜，以防污水溅入眼内，伤害眼睛，防止造成意外事故。

对冲洗下来的污水，要正确处理，否则会造成环境污染，影响工人的健康。在内燃机修理行业一般没有废水处理设备，而是直接将废水排放到下水道内流走。但有些工厂都设有废水积污塔，可将废水处理后再放掉，这样可以减少对环境的污染，另外有时废水还可以重新利用。

2. 内燃机解体过程中的劳动保护

内燃机在解体过程中需要各种拆卸工具和设备，对这些工具的正确使用以及拆卸工具的正确放置，对工人的安全起决定性作用。

内燃机修理行业所使用的常用工具很多，正确使用这些工具不但可以保护工具、提高劳动生产率，而且可以减少事故的发生。如活动扳手在使用过程中要做到开口与螺帽大小相同，使活动部分承受推力，固定部分承受拉力，均匀用力，这样就会减少事故的发生。如果开口过大，在用力时可能使扳手咬不住螺帽而自己旋转，使工作人员受到伤害；如果活动部分受拉力，则有可能在很大力的作用下使活动部分脱出而导致工人失去平衡，跌倒受伤。因此在拆卸各部件、零件时，应选用最合适的工具，才能有效防止事故的发生。

在拆卸过程中有静止拆卸和流水线作业法两种方式。大型修配厂一般采用流水线作业，在这个过程中存在机器的流动路线上的安全性，必须按照内燃机拆卸的一般原则和工艺程序进行，一般拆卸应是先附件后主件，先总成后零部件。在每一个工作点都要按时完成工作，否则就会耽误工时，甚至出现事故。

在固定式拆卸过程中也要按照拆卸顺序和拆卸原则进行，将拆卸的工件按一定的分类有规律地放置，使工件与工人之间有一定的安全距离，以防工人在工作过程中被工件绊倒或脚踢到工件而碰伤。在拆卸过程中对一些工件应作特殊放置，因为有些工件上面的润滑油太多，会使油流到地上使地面变滑；另外有些润滑油由于在内燃机中用得太久，里面有铁屑、砂石等杂质，在拆卸过程中会使手受到伤害，因此工人应戴手套；工件拆卸过程中应防止工件从机体上滑落而碰伤工人，工人应穿劳保鞋。

对机体、曲轴等大型工件，需用行车等机械设备时，要注意这些设备的安全性。

3. 内燃机零件清洗过程中的劳动保护

内燃机各总成和部件在拆卸结束后，必须进行清洗，以便检测和修复。根据零件的材料不同，清洗的方法和清洗液的种类都各不相同，对工作人员进行的保护措施也不相同。

内燃机金属零件的清洗有两种方法：一种是冷洗；另一种是热洗。

冷洗法是利用煤油、柴油或工业汽油作为清洗剂，这种方法简单、方便、迅速，但成本高而又不安全，在清洗过程中要特别注意其储存搬运过程的安全，不要与明火接触，以防着火。在清洗过程中，因为各种油对皮肤都有不同程度的腐蚀作用，故此清洗过程最好戴专用手套，同时要尽量避免油溅到身上，故工人应扎有围裙。另外，由于各种油都易挥发，使空气受到污染，在清洗车间中必须设有通风装置，保持室内空气清新，以保证工人的身体健康。

热洗法是用碱液加温后作为清洗剂，用于清洗钢铁零件。用于清洗铝质零件的配方是由碳酸钠（1 kg）、重铬酸钾（0.05 kg）、水（100 kg）组成的。这些化学物质对人有不同程度的腐蚀作用，尤其是苛性钠对人体的腐蚀性更强，在清洗过程中一定要禁止将洗涤剂溅到皮肤和其他物体上。在大型修配车间一般采用旋转式清洗机，这种清洗机采用自动控制，对工人的危险性很小，但工人在卸下工件时要人工操作，这样就要防止碱液在工件碰撞时飞溅而伤害眼睛，因此工人应戴防护面具。如果这些碱液溅到皮肤或眼睛上，应及时用水冲洗，或涂上其他已备的化学试剂，以降低伤害；工人最好穿上劳保服和胶鞋，以达到最佳保护。

这种热洗法是将碱液加热到 80~90 ℃后才喷入清洗机中，使工人的工作环境温度升高，这样容易产生烧伤、烫伤事故，工人要特别小心。由于高温使碱液蒸发，污染空气，影响工人的身体健康，在热洗车间应有较好的通风设备。

在清洗大件时，不能用手放入工件，以防止清洗剂飞溅伤人，需用吊车或其他设备放入，避免事故发生。

橡胶件的清洗是用酒精作清洗剂，酒精是一种易挥发性物质，人长期呼吸含有酒精的空气，会发生酒精中毒现象，尤其是工业酒精常含有大量的甲醇，甲醇又是一种有毒物质，因此在这种车间要安装强制通风设备。

内燃机的积炭，会改变燃烧室的容积，从而改变压缩比，而且在温度升高的时候会形成炽热点，并造成表面点火，有时会使机油稀释，影响润滑，因此除炭是一项必不可少的内容。根据工厂的大小，可采用不同的方法除炭，一般有机械除炭和化学除炭两种方法。

机械除炭是利用金属丝刷、刮刀、铲刀进行刮除，机械除炭时要注意操作，避免事故的发生，工人应戴棉线手套。在一般的大修厂经常使用化学除炭，在使用时要求工人对这些物质有所了解，并制定出安全生产措施，必要时工人应按规定穿防护服，戴手套和面罩，以防伤害。水垢的清洗多数采用酸或碱，使水垢的不溶物溶解在碱或酸中，然后用水冲洗。这些物质对人都有腐蚀作用，在清洗过程中要严防这些物质泄漏到外面，使金属受到腐蚀，对人员造成伤害。另外，盐酸具有挥发性，挥发出的有害气体被吸入口、鼻后使人有刺激性感觉，严重时使口腔、鼻腔烧伤。因此，在清除水垢时工人必须戴棉线手套和穿劳保服，在用盐酸时应戴上口罩，如果不慎溅到皮肤上应立即按要求进行清洗。

无论用任何化学洗涤液清洗都应最后用水冲洗，冲掉零件上的化学物质，以避免对人员产生伤害。

零件清洗完毕后，为了检测方便，必须进行干燥处理。在车间里，一般的干燥方法是用高压热风吹干或用低温加热法干燥。在吹干的时候要注意不要将小件吹起伤人。

4. 内燃机零件检修过程中的劳动保护

待修理的内燃机零件必须通过检测，才能得到其损坏程度的大小，以及是否具有修理的价值和采用何种修理工艺，以恢复其原始形状或配合特性。

零件在检测过程中，需要使用多种检测工具，每种测量工具都有其特有的使用方法，在使用过程中要注意正确使用。在检测中容易发生工件从工作台上脱落翻倒等现象，这就需要工人要有一定的安全意识，防止手部和脚部受伤，工人应戴手套和穿劳保鞋。

在零件隐伤的检验过程中采取的检测方法有磁力探伤等，在采用这些方法时，一般没有多大的伤害。在利用磁力探伤时，只要小心触电事故即可，工人应戴绝缘手套。另外在涂铁粉时应注意，不要将铁粉误入眼睛。对于采用不同的修理设备，一般在大修车间中都配有车床、铣床、磨床等机床类设备和焊、喷、涂、镀等相应的修理工具，在采用这些工具设备时，应特别注意工人的劳动保护问题。

零件的焊修是一种常用的修补方法，主要有电弧和气焊两种。在电弧焊中使用弧焊机和焊条，焊机在使用过程中要注意漏电触电事故，工人需要戴绝缘防护手套。在焊接过程中，焊条的熔化放出大量的热，并有烟雾，这些烟雾对人有刺激作用，使人咳嗽、打喷嚏等。电弧的弧光很强，对人眼有强烈的刺激作用，会使人感受刺痛、视力下降，因此焊接时，工人应戴防护面罩。焊药熔化的过程中产生高温，使金属熔化，同时有些焊花飞溅会使人发生烫伤，因此工人应穿劳保服、劳保鞋，严禁赤臂、穿短裤。焊件温度很高，不要接触以防烫伤。另外焊完后用锤头敲击时，注意不要让焊药飞溅到身上。在采用气焊的时候是通过乙炔与具有一定压力的氧气发生化学反应，产生高温，利用火焰的高温使金属熔化而焊接到一起。乙炔在不完全燃烧时产生 CO，CO 是一种有毒气体，因此在用气焊时要调好两种气体的比例，尽量减少有害气体的产生。在金属熔化的过程中还要注意不要把熔化金属吹得飞起，否则极易伤人。高温的金属也会使人受伤，焊接时要特别注意。在焊接过程中要正确使用焊枪，不要造成焊枪回火的严重事故。无论是气焊还是电焊都要保持车间内的通风，以减少空气污染，保护工人的身体健康。

随着科技的发展，新工艺、新设备的不断产生，对加工过程的要求也不断提高，现在一些精密件的焊接中采用了激光焊接方法，该方法不但没有污染而且焊接质量高，已成为焊接的发展方向。

车床是一种被广泛应用的加工设备，各种车床也越来越完善。现代有些车床完全采用数控系统控制，减少了人员的操作和伤害。但在内燃机修理行业中仍在使用需人工操作的机床，这些机床的转速很高，振动、噪声都很大，对工人的伤害作用也很大。

现代车床一般本身都带有防护罩，使事故率有所降低。但在使用过程中事故也是很多的。在车削过程中，车削下来的铁屑乱飞，常常会使工作人员受到伤害，一般情况下车工应戴手套、眼镜，以保护手不被工件毛刺刺伤和防止铁屑击伤眼睛，造成严重事故。在工作过程中要严格遵守操作制度；在加工过程中工件的固定也是很重要的，否则会飞出击伤工人。

在工厂一般都有严格的安全管理制度，其一般内容包括：① 在所有装料、卸料调整时应停机；② 不许任何人俯身于有潜在危机的机床部位；③ 选择切削速度时要根据材料的特点进行选取；④ 禁止用手排除金属切削；⑤ 照明要选取最佳角度；⑥ 对女工人要禁止穿高跟鞋、裙子，要戴安全帽。

有些工件磨损量很小，用电镀、刷镀等方法即可修复。修复应根据不同金属、不同的使用特点选用不同的修镀方法，采用不同的电镀液，而这些无机盐溶液对人的身体都有毒害作用，特别在加有氢氰酸的电镀液时，要特别注意对工人的劳动保护。

电镀电源采用 6~18 V电压，电镀电流为 500~1 500 A。电镀时可采用低压直流电作电源，也可采用交流电用硅整流作电源。该电压在人的安全电压以下，对人没有伤害，但电流太高，对人体也有一定的伤害作用，因此工人应戴防护手套，这样既防电伤又防化学伤害。

电解液采用铬酸，这种溶液对人的皮肤有极大的腐蚀作用，特别是当人的皮肤有破裂时，会引起严重的皮炎或局部溃烂，一般发生在脸部、胸部，而且不易治疗，严重者会引起大面积皮炎甚至残废，因此对电镀工人应特别保护，应穿上防护服，戴上面罩。另外，在电镀过程中阳极释放氢气形成大量的高比例的含有铬酸的红褐色薄雾，这种薄雾有侵袭鼻黏膜的作用，造成鼻黏膜穿孔，一般工人在上班前应在鼻孔内涂一种软膏以防穿孔；同时在采用电加热时要有严格的绝缘措施，防止触电事故。

在电镀车间应用严格的强制通风设备使室内空气新鲜，保证工人的身体健康。

5. 内燃机装配过程中的劳动保护

内燃机的装配过程与拆卸过程是两个相反的过程，但其劳动保护却是相同的。

6. 内燃机试车过程中的劳动保护

各种内燃机在安装好后必须对内燃机进行试车，以检查其安装质量和其各种性能指标是否达到技术要求。在试车过程中对工人没有更大的伤害，主要伤害是由噪声、振动、尾气、热等造成的，虽然没有更大的伤害，但也需要对这些危害因素加以削弱，保护工人的身体健康。

内燃机试车虽然没有更大的伤害和事故发生，但在某些操作过程中，可能有某种意外事故的发生，如在使用吊车时可能碰伤工人，在调试的过程中出现碰伤等事故。因此对试车中的意外事故，工人必须有一定的安全意识，并认真对待。

噪声是影响面很广的一种环境污染，会使人听力下降、神经衰弱、情绪不稳，从而产生头痛失眠等各种病症，引起心血管疾病以及消化系统疾病，另外噪声还会降低工作效率。总的来说，长期在噪声环境中工作和生活的人，如果没有适当的保护措施，人的健康水平就会下降，抵抗力就会减弱，诱发其他疾病的发生。依据此危害，对噪声必须加以控制。人耳听到噪声必须具备三个条件：声源、传递途径和听者。因此，控制噪声首先要立足于不产生噪声或降低声源的强度；其次在传递途径上加以控制。在试车车间噪声的产生有空气动力性噪声、机械性噪声、燃烧噪声，根据不同的噪声应采用不同的降噪方法。对试车厂房一般应采用石棉护墙、墙面涂料或设计防噪厂房，这样会大大减少噪声污染。在试车车间都安装有固定的进排气管，这时最好采用隔音壁以降低辐射噪声，并安装固定消音器。试验台架要采取整体式以减少振动，在台架与机体的连接处采用一定的弹性连接以减少振动的冲击。但在一些小型柴油机试车过程中则可不必过多考虑噪声问题，因为其功率小、振动小，气体动力性噪声小。

在对机器及厂房设施降噪的同时，还应对工人本人进行保护，现代工厂中一般采用耳罩、耳塞等防护措施，同时，还应该有严格的时间观念。因为常在噪声环境下工作，即使噪声很小，对人体也有很大的伤害，因此工人要采取换班制度。

在内燃机试车过程中振动是不可避免的，而且振动对工人的危害也较大，其对身体的伤害不只是某一部分而是整个身体，会使多个系统受到破坏，引起的疾病也很复杂，因此在内燃机试车车间应尽可能减少振动。一般采取的方法是用减振装置将振源隔开。其减振装置有橡胶类减振装置、空气弹簧、钢板弹簧以及橡胶减振垫等。

总之，内燃机的试车过程必须严格按照操作规程进行，在启动、运转、停车及调整检查中，都有事故发生的可能性。如果不按规定操作，没有安全意识或急于求成，过于追求速度，那么极易引起事故的发生。

1.4 内燃机修理工艺文件的编制

1.4.1 内燃机修理的工艺规程

一种生产对象的工艺过程有很多种方案，从许多种方案中，通过对各种情况的分析（如工效、质量、成本等）而选定某一具体生产条件下最合理的方案，将其内容用条文、图表等形式确定下来，并写成文件，这就是工艺规程。

根据工艺规程，区别不同的作业范围（如清洗、检验、加工、装配）并写成工艺卡片，送达车间，用以组织生产、指导生产，同时工艺规程也是编制生产的依据。

1. 编制工艺规程的原则

为了使编制的工艺规程具有先进性、合理性，符合国家技术政策和方针，应全面正确地解决生产率、产品质量与成本、生产安全与劳动条件三者辩证统一的关系。其具体要求如下：

（1）技术先进性。

为了使工艺技术具有先进性，应当学习外单位的先进经验，但也要结合企业现有的设备和技术水平。工艺技术既要具有长远规划性，又要适合目前可能发挥的积极性，做到既先进又可行，并不断革新、改造，挖掘潜力。

（2）经济合理性。

在保证产品质量的前提下，尽量做到节约利废、挖掘技术潜力，发挥技术革新和修旧利废的作用。如对零件机械加工工艺必须充分注意选定合理的加工基准及切削用量，使切削用量为最小，保证质量，以增加零件修复的加工次数（如镗缸、磨削曲轴），延长零件的使用寿命。

（3）改善劳动和安全条件。

制定工艺时，必须结合技术革新条例和安全生产规定，使工人从繁重的体力劳动中解放出来，并尽量考虑人身、工件和机具在操作过程中不受损害，特殊安全问题除在操作工艺本身上作合理安排外，必要时应附加特别注意事项。

2. 确定工序的原则

（1）容易使工件产生变形的工序，应尽可能安排在最前面，避免在最后加工而产生工件变形，浪费加工工料。对热加工（如热铆、堆焊）、冷压加工（如镶嵌、校正）、加工应力大（如工件受夹持和切削应力大）的加工工艺，应尽量安排在精加工或定性加工的前面。总之，凡是产生废品率高的工序，均应安排在其他各工序的前面。

（2）加工表面精度高和光洁度高的工序，应尽量安排在其他工序的后面，以免加工表面在移动运输中受到损伤。

（3）工件钻孔应在平面切削之后进行，不然会由于钻孔处的刚性较弱而影响平面切削精度及孔的偏移。

（4）工件在工序之间的运输路程和次数，应考虑为最短和最少，这样可减少长距离运输工具，减轻劳动强度。

（5）工序之间的工人活动不能有相互干扰。

（6）流水工序应紧密配合流水节奏（时间节拍），如因局部工作量过重，无法进行相邻工作组（或工位）调整时，应采取技术革新提高机械化程度。

1.4.2　内燃机修理工艺卡片

工艺规程是一种法定性质的工艺文件，一般保存在技术管理部门作为技术档案，其进入生产部门的执行部分，一律用工艺卡片形式下到各班组并落实到每个工人。

工艺卡片是根据工艺规程所规定的内容，用简明文字、表格和工作图等形式表达出来，作为具体安排和指导生产技术的依据。

工艺规程只是提出总的要求，并不具体写明每一工序如何操作，工艺卡片要较详细写明各工序的技术要求、操作要点及步骤。工艺卡片是工艺规程的具体化，是工艺规程进入生产的执行部分，而工艺规程是法定的技术要求文件，一般保存在技术部门作为技术档案。

1. 修理工艺卡片的种类

内燃机修理工艺的内容繁杂，工序较多，目前尚无一套统一的工艺卡片格式。

对于内燃机修理工艺卡片，一般根据不同工种或作业性质分为拆卸工艺卡片、装配工艺卡片、技术检验工艺卡片、调试工艺卡片和零件修复工艺卡片等。有的零件或总成的检、修、调、装、试也采用综合工艺卡片。

2. 修理工艺卡片的格式和内容

修理工艺卡片的格式因国家无统一规定，均由各地区、各企业自定，所以下面仅举几种格式供参考。

（1）装配工艺卡片。

该卡片一般分为内燃机总装、各种装配和组合件（如活塞连杆组）的装配等。表 1-1 所列为装配工艺卡片的一种形式和主要内容。

表 1-1　装配工艺卡片的格式和内容

企业名称				装配工艺卡片	卡号		
				装配名称	卡号	第　页	
						共　页	
				说明：			
工序号	工种	作业名称	操作要点及技术要求	设备	工具	量具	工序时间	备注

（2）技术检验工艺卡片。

这种工艺卡片可分为零件技术检验和综合技术检验两种。

① 综合技术检验工艺卡片。

表 1-2 所示的格式和内容，适用于总成、组合件、机构系统（如配气机构）等进行综合性检验。在卡片的"检验项目"栏内，应逐项注明检验技术名称（如曲轴主轴承径向间隙、飞轮端面跳动、气缸压缩压力等）。

表 1-2　综合技术检验工艺卡片的格式和内容

企业名称					卡号			
检验名称		机别		修别		第　页	共　页	
检验项目	技术要求	检验方法	检验		检验结论	作业时间	备　注	
			量具	仪器				

② 零件技术检验卡片。

表 1-3 所示的格式和内容，是一个零件用一个卡片，适用于零件修复前的检验分类和零件修理过程的检验。前一种检验可以不填写卡片的"工序号"，后一种必须按修理工艺过程填写序号。此外，应以上述两种不同检验性质分别作为此工艺卡片的名称。

表 1-3　零件技术检修卡片的格式和内容

名称			零件技术检验工艺卡片						卡片编号	
（检验部位图）				零　件						
				名称	厂牌	编号	材质	机械性能	第　　页	
				说明：						
工序号	工种	图上号码	技术要求	检验方法	检　验		检验结论	工序时间	备　注	
					量具	仪器				

（3）零件修复工艺卡片。

表 1-4 所示的格式和内容，可以配制简单零件，可以应用作为机械加工工艺卡片。这是一个零件一个卡片，称之为零件修复工件。

表 1-4　零件修复工艺卡片的格式和内容

企业名称				零件修复工艺卡片								卡片编号	
（工艺图）					零　件								
					名称	厂牌	编号	材质	机械性能	第　页			
										共　页			
					说明：								
序号	工种	图上号码	工序名称	操作要点技术要求	设备	工具	模具	夹具	刀具	量具	焊条牌号	工序时间/min	备注

以上介绍的 4 种工艺卡片，可根据需要适当地改变其他名称和内容，也可作为其他修理工艺卡片。如装配工艺卡片可以用作拆卸、调试等工艺卡片；零件修复工艺卡片可以用作孔形零件的镗削、磨削等工艺卡片。

任何一种工艺卡片的形式都是多种多样的，是根据工艺特点而定的。工艺卡片的内容一般应包括以下几个方面：

（1）工序号。

工序号是按作业顺序编制的序号，在修理工艺卡片中，此序号还包括工艺卡过程程序。

（2）工作图。

工作图是指明零件或总成的作业部分，以便按照指明的部位工作。如检验图和装配图，应该在图上引线注码标明其耗损部位或配合副之间的公差、间距、角度及方位等相互位置或操作方法。

（3）技术要求的内容。

① 工艺规程：主要是指用于工艺上的数据、切削加工的切削用量、零件清洗溶液的成分、热处理的温度及机械性能（如硬度、强度、冲击韧性、耐磨性、耐腐蚀性、耐疲劳性等）。

② 技术规范：主要指零件的尺寸（如基本尺寸、允许磨损尺寸、极限磨损尺寸）、表面粗糙度及精度、配合副的公差等。

③ 性能条件：指装配中某部位的气压、真空度、扭矩、弹力、工作性能等。

④ 报废条件：是对零件耗损达到不可修复程度的具体规定。

⑤ 设备、工夹具：应在每一作业项目（工序）中指明所用的设备、夹具、刀具、量具和仪器等的名称及必要的型号。

⑥ 材质：是指工件所用材质的型号、尺寸等。

⑦ 工序时间：是指完成每一工序所需的连续作业时间，根据时间长短，用"min"或"h"计。为了便于制订生产计划和考核，最好分为定额工作和实际工作。

此外，工艺卡片一经确定，不能随意更改，如有必要修改，须经有关部门批准。因此，工艺卡片一栏应填写批准单位签字、检验员签字以及执行日期等。

2 内燃机零件的耗损

内燃机零件的耗损按其产生的原因可分为零件的磨损、腐蚀、疲劳及变形四类。

零件的磨损是指它原有的尺寸、形状和表面质量等发生变化，同时也破坏了零件原有的配合特性。零件的磨损是不可避免的，但应力求降低零件的磨损速率，提高零件的使用寿命。

零件的腐蚀是指周围介质与零件金属产生化学或电化学反应。研究零件腐蚀的原因、减少零件腐蚀的措施，是提高零件使用寿命的重要途径。

零件的疲劳是指零件在交变载荷作用下，由于材料的疲劳，在应力远低于材料强度极限的情况下可产生的破裂、折断。研究疲劳的影响因素，是为了提高零件的抗疲劳性能，减少零件的损坏。

零件的变形可能产生弯曲、扭曲、挠曲等损伤；基础件的变形严重会影响发动机的装配关系，降低发动机的修理质量和使用寿命。

零件修复的目的就是恢复它们的配合特性和工作能力。

2.1 摩擦与润滑

摩擦是发生在相互运动零件表面之间的一种咬合现象；磨损是摩擦的结果，而润滑则是为了降低摩擦、减少磨损所采用的一种重要技术措施。

2.1.1 干摩擦

干摩擦是指物体表面无润滑剂存在时的摩擦。当物体在外来作用下沿另一物体接触表面滑动时，界面上会产生切向阻力，这个阻力称为滑动摩擦力。这个摩擦力按物体的运动状态又分为静摩擦力和动摩擦力。

两个固体表面直接接触，对物体施加一切向力，引起物体开始相对滑动时所需的切向力就是最大静摩擦力。保持物体继续滑动的力称为动摩擦力。多数情况下，动摩擦力小于最大静摩擦力。

2.1.2 流体摩擦

流体摩擦又称为流体润滑，是两零件表面被润滑油完全隔开的摩擦。由于两摩擦表面完全不接触，当物体相对运动时，其摩擦只发生在润滑油流体分子之间，所以这样的摩擦力很小，几乎不产生摩擦。

流体摩擦的阻力大小完全取决于流体的黏性。为了维持流体润滑，还必须注意使摩擦表面的大小、形状和间隙等能适应负荷、速度、润滑油性能等条件。

根据流体润滑膜压力的产生方式，可分为流体动压润滑和流体静压润滑，在工程技术中经常用的是流体动压润滑。

轴承形成油膜的厚度及支撑能力取决于轴的直径、表面粗糙度、形成油膜的形状、轴承转速、载荷性质和润滑油黏度等。一般来说，液体润滑的效果比较稳定。但是当轴承的工作温度过高，使润滑油黏度下降，转速和载荷很大的情况下，油膜的承载能力就下降。特别是启动、停车的过渡过程，不可避免地要使油膜破坏，甚至发生干摩擦的现象。

图 2-1 表示一对摩擦副，底板是固定的，另一平面物体以速度 U 做相对滑动，它们之间形成楔形油膜。由于润滑油完全附在零件上，可认为运动物体表面上润滑油的速度为零，同时由于油膜很薄，可以认为润滑油的流动是基流；而且各不同断面润滑油的流量是相同的。润滑油从断面 c 处进入油楔而从断面 a 处通过，则润滑油油膜对物体产生相当大的压力，使运动物体抬起。这个油楔压力的合力与运动物体的重力相平衡，油压的大小取决于油的黏度和运动的相对速度。

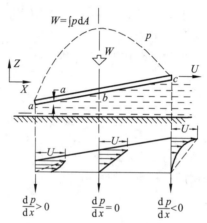

图 2-1　楔形油膜的形成图

2.1.3　边界摩擦

在高负荷、低速、高温的条件下，因润滑油黏度下降，油膜变薄，而两摩擦面的凸起部分仅由一层极薄的油膜隔开的摩擦叫边界摩擦，又叫边界润滑。

2.1.4　混合摩擦

在实际工作中，上述三种摩擦（干摩擦、流动摩擦、边界摩擦）是混合存在的。除特殊设计要求外，都是混合摩擦。

混合摩擦的摩擦系数取决于各种摩擦所占的比例。在不同摩擦状态下，摩擦系数的变化曲线如图 2-2 所示，纵坐标为摩擦系数 f，横坐标为 uv/W，u 为润滑油的绝对黏度，v 为摩擦系数，W 为负荷。从曲线的开始形状看，f 与 uv/W 在不同摩擦状态下都接近线性关系。

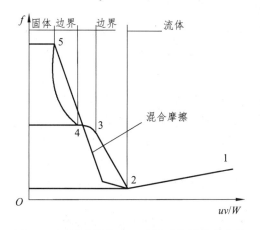

图 2-2　不同摩擦状态下摩擦系数的变化曲线

2.2　零件的磨损

　　磨损是指两个相对运动零件磨损表面相互作用的结果，是摩擦表面金属不断损失的现象。磨损多数情况下是有害的，如造成零件的破坏；但也有可能是有益的，如磨合。磨损是一个复杂的过程，它包括物质的、化学的、机械的、冶金的综合作用。

2.2.1　零件磨损的过程与种类

　　按零件破坏的机理，磨损可分为黏着磨损、磨料磨损、接触疲劳磨损和腐蚀磨损，而磨损常以复合形式出现。

1. 黏着磨损

　　由于黏着作用使一个零件表面的金属转移到另一个零件表面所引起的磨损称为黏着磨损，它是摩擦表面相互接触点间发生的磨损。零件表面负荷越大，表面温度越高，黏着现象也越严重。

　　黏着磨损按其发生的部位可分为外部黏着磨损和内部黏着磨损。

　　外部黏着磨损：当两种金属其内部结合强度大时，黏着磨损只发生在黏着点上，表面材料的转移比较轻微。一般情况下，轻微的磨损其工作表面较为平滑。如活塞与气缸壁间由于润滑不足经常发生这种磨损。

　　内部黏着磨损：当黏着的结合强度高于相互配合的金属中之一的内部金属结合强度时，黏着后的分离面将发生在这一较软金属的内部，每发生一次黏着磨损，软金属就被挖去一块，其磨损表面将出现很粗糙的撕裂痕迹，这种情况称为内部黏着磨损。这种磨损剧烈，但可以避免。在多数情况下，两种黏着磨损同时发生，一部分黏着点是在凸点上发生的，另一部分黏着点是从金属凸点内部发生的。

影响黏着磨损的因素包括以下几个方面：

（1）材料特性的影响。

脆性材料比塑性材料的抗黏着性能好。塑性材料发生黏着磨损，常发生在距离表面一定的深度，即金属内部黏着磨损，磨损下来的颗粒较大；脆性材料发生黏着磨损，破坏得较浅，金属屑也细微。

如采用互容性较差的材料组成的摩擦副，其金属晶格不相近，黏着倾向小，如曲轴轴瓦和轴颈表面。对金属表面进行处理，可使摩擦表面生成互容性小的金属层，可避免同种金属相互摩擦，可以防止黏着磨损，如电镀、表面化学处理、表面热处理等。

（2）零件表面粗糙度的影响。

一般情况下，磨损量随零件表面光滑程度的提高而减少。

（3）润滑油的影响。

如果供给摩擦表面足够的润滑油，并保证润滑油的黏度的工作温度，配合表面不发生干摩擦，零件表面的氧化膜是不容易破坏的，这样就减少了黏着磨损形成的条件。

（4）运动速度和单位面积上压力的影响。

如果运动零件的表面有充足的润滑油，那么零件的运动速度越高，产生的摩擦热越多，又不能及时散去，就可能发生黏着磨损。零件负荷较高时，摩擦力就要增大，易发生黏着磨损。

2. 磨料磨损

在摩擦表面之间，由于硬质固体颗粒使相对运动的零件表面产生磨损，称为磨料磨损。磨料可能是空气中的尘埃和黏着磨损脱落的金属颗粒。磨损的现象是在两个工作表面上存在有许多直线槽，它们可以是很轻的擦痕或是很深的沟槽。

（1）常见磨料磨损的形成。

① 疲劳剥落或塑性挤压。

磨料夹在两摩擦表面之间，它在压力作用下被压碎，被压碎的磨料对金属表面产生集中的高压力，使零件表面产生疲劳和脱落。如磨料进入齿面易发生疲劳和脱落，对于塑性材料使表面发生塑性挤压现象；如磨料进入轴承间，易发生塑性挤压。

② 擦痕。

混合在液体或气体流中的磨料，随流体以一定的速度冲刷零件的工作表面并产生擦痕，如柴油机喷油嘴针阀的磨损属于此类磨损。

（2）磨料磨损的影响因素。

摩擦条件不多时，磨损量与试件所经过的滑动距离成正比，与试件单位压力成正比。金属材料硬度越高，耐磨性越好。当选用退火状态的钢和经热处理的钢，其硬度与耐磨性成正比地增加。而一般合金钢或优质碳素钢经表面冷作硬化后，其硬度大大增加，这时其耐磨性保持其对外不变。

磨粒硬度对磨损也有影响，如磨粒硬度明显高于金属硬度时，这时两者的硬度稍有变化，对金属的磨损影响不大。如磨粒的硬度稍高于金属硬度时，硬度差别越小，磨损也越小。

3. 表面疲劳磨损

表面疲劳磨损是指在纯滚动或同时带有滑动的滚动摩擦条件下，发生在材料表层的疲劳破坏现象。其特点是由于接触应力的反复作用，首先在表层内产生疲劳裂纹，然后裂纹沿着与表面形成锐角的方向发展，到达一定深度后，又越出表面，最后脱落，在零件表面形成了小坑，这种现象称为疲劳磨损，如齿轮的齿面及滚动轴承滚道的斑点剥落。

提高零件抗疲劳磨损性能需要注意的几个问题：

① 要求材料含杂质少、含碳量均匀，碳化物越接近于球状，分布越均匀越好。

② 渗碳层应厚一些，不应该有脱碳的缺陷，心部强度越高，产生疲劳裂纹的危险越小。

③ 接触表面粗糙度要低。

④ 润滑油黏度高可使接触压力分布均匀，有利于提高疲劳磨损的能力。

4. 腐蚀磨损

在摩擦过程中，由于介质的性质、介质的作用与摩擦材料性能的不同，将出现不同的腐蚀磨损。腐蚀磨损的产生是由于摩擦零件的表面在腐蚀性气体或液体环境中工作时，会产生化学反应，在零件表面上可以生成氧化膜，化学反应膜通常与基体金属结合不牢，当零件发生摩擦时，可能使表面氧化膜分离，而这些氧化膜脱落后，又成为微小磨料。

零件表面的腐蚀不一定都是有害的，表面的氧化膜或其他的金属膜附在零件表面，可以减少金属微凸体的黏着磨损。没有氧化膜的金属表面磨损往往是很严重的。

腐蚀磨损可分为 4 种状态：氧化磨损、微动磨损、特殊介质下的腐蚀和穴蚀。这几种化学腐蚀，都不是单纯的腐蚀，必须与机械作用结合，前两种是由摩擦力来剥落腐蚀层的。

2.2.2 零件磨损的影响因素

影响零件磨损情况最基本的因素是零件本身存在不同程度的物理、机械和化学综合作用的结果。尽管零件材料和工艺性质不同，这些基本作用仍然存在，不过作用程度有所不同。这种基本作用，可认为是零件磨损的内因。

零件磨损的快慢，主要取决于外因，但必须通过内因而起作用。因此要减轻磨损，应充分重视以下外因。

1. 摩擦副之间的介质

减摩介质，一般是应用各种润滑油，使润滑油摩擦面之间形成一层油膜或油楔，以减少两接触面之间的固体与固体直接接触。而用油层的流体摩擦代替固体摩擦，因而大大降低摩擦阻力和磨损。

（1）油膜与油楔。

润滑油能以油膜形式吸附在任何形状的摩擦表面上，并能渗透到摩擦表面的显微孔隙中储存，因此油膜能承受很大的工作压力（约 100 MPa）而不破坏，这种支承能力称作油膜强度。圆柱形的摩擦表面所吸附的油层在运动中呈楔形，所以称之为"油楔"。如滑动轴承与轴颈（见图 2-3），由于其内外直径差，在摩擦表面之间形成楔形间隙，当轴颈（或轴承）转动时，因润滑油吸附作用，油层在轴颈面上，其圆周速度与轴颈相等，而在轴承面上几乎等于零。润滑油沿着断面逐渐缩小的楔形间隙流动，其通过的断面越来越小，而润滑油的压缩性很小，一部分润滑油沿轴颈轴向挤出，另一部分由于吸附和表面阻力的作用，仍保留油楔。油楔的流体动压力，随着轴承间隙缩小、轴颈转速升高而增大。当油楔动压力达到一定值时，能将轴颈浮起来，使轴颈与轴承表面分离，并形成一定厚度（h）的油膜，这种情况称为理想的流体摩擦。

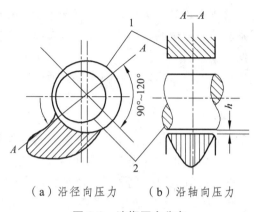

（a）沿径向压力　　（b）沿轴向压力

图 2-3　油楔压力分布

1—轴承；2—轴颈

（2）油膜厚度与间隙关系。

根据流体力学的润滑理论计算分析，认为轴承间隙越大，油膜厚度越薄，轴颈与轴承磨损越大；相反，轴承间隙越小，油膜厚度越大，越有利于润滑。但间隙过小，润滑油流量及冷却作用下降，润滑油的温度升高，黏度降低，因而油膜的厚度反而薄弱。试验证明，合理的轴承间隙为理想油膜的 4 倍，这由设计制造厂考虑，在修理中应保证其应有的间隙要求。

此外，轴承与轴颈表面微观凸起之和及润滑油中的机械杂质的尺寸都应小于规定的轴承间隙。因此，轴颈和轴承加工的表面几何形状及粗糙度应符合技术条件的要求，并做好机件清洗和机油滤清工作。

（3）摩擦种类。

油膜的厚薄与强弱（除润滑油本身质量条件应按规定加注润滑油外）随摩擦面之间的工作温度、压力、间隙和转速而变化。因此摩擦副之间的油膜变化状态，决定着摩擦表面相接触的不同程度。完全不接触时，称为流体摩擦（湿摩擦）；完全接触时，称为干摩擦；在摩擦面之间只有一层很薄（0.1 μm 以下）的油膜，称为边界摩擦；在流体摩擦与边界之间的摩擦，称为半流体摩擦；在干摩擦与边界摩擦之间的摩擦称为半干摩擦。

润滑油的主要作用是减摩、散热和清洗磨料，是摩擦副中不可缺少的介质。但当摩擦表面具有细微裂纹时，在润滑油的极性分子的活性作用下，力图向裂纹内渗透扩放产生很大楔形压力，使裂纹扩展，加剧零件的破坏。因此零件表面的细微裂纹，容易导致断裂，除了由于裂纹加剧应力集中的因素外，润滑油也增加了破坏作用。

2. 摩擦副运动的形式、速度和压力

摩擦表面的相对运动有两种，一种是以滚动面相接触为主（如滚动轴承和齿轮齿面），其摩擦阻力小，接触压力大，散热能力强，因此磨损慢，以麻点磨损为主；另一种是以滑动面相接触（如滑动轴承、活塞与气缸配合副等），其情况与前者相反。滑动摩擦面的磨损种类，

需由其工作条件决定。

摩擦表面的温度随相对运动速度的增大而提高。当温度到达 150 ~ 200 °C 时，润滑油的黏度大大降低，吸附能力大大削弱，油膜遭到破坏，摩擦性质改变，如边界摩擦变为干摩擦。当速度一定，如果接触压力增加，油膜被挤破，磨损也随着增加。

3. 摩擦副的材料和表面性质

（1）材料塑性变形的影响。

摩擦表面各种形式的磨损，主要由于相接触金属表层产生塑性变形而引起强化、发热、相变、熔化等破坏作用。因此在一定载荷下材料的屈服极限大，表面硬度高，热稳定性好，其耐磨性得到提高，此外其还随含碳量的提高而提高。

为了提高磨合性与耐磨性，使摩擦表面的宏观与微观几何形状能迅速相适应，有的两摩擦表面采用不同性质的金属和硬度相配合（如钢质活塞销与铜质衬套相配合，曲轴轴颈与轴承合金相配合）。这种情况是提高摩擦副的磨合性与耐磨性的另一个方面。

（2）摩擦表面粗糙度的影响。

粗糙的摩擦表面，其凸起点互相啮合和挤压，是增加零件磨损的重要因素之一。因此降低摩擦表面粗糙度，可以大大降低磨损。但粗糙度过低，润滑油对零件表面的适油性（油膜的吸附与储存作用）降低，油膜不易保存，磨损反而增加。从润滑条件来看，应根据润滑方式采用适当的表面粗糙度。如气缸壁为飞溅润滑，其粗糙度一般为 $R_a3.2 ~ 6.3$。配合副表面粗糙，不仅要加剧磨损，还会在静配合中，使不平表面的凸起受挤压剪切后，改变了表面几何形状和尺寸，破坏了过盈配合，导致在使用中容易松动。此外，粗糙表面容易引起应力集中和腐蚀，降低零件的疲劳强度。

2.2.3 零件磨损的特性

机械零件所处的工作条件不同，引起磨损的主要原因也不完全一样，但从许多实践证明，其磨损增长的规律却是相似的，即具有共同的磨损特性。实验得出的零件磨损特性曲线如图 2-4 所示。按照磨损增长的速度不同，大体上可分为以下 3 个阶段。

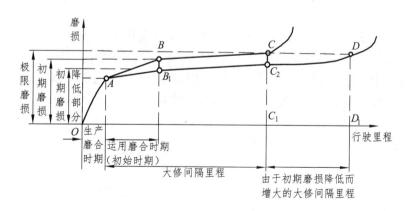

图 2-4　零件的磨损曲线图

1. 磨合阶段（曲线 *OB* 段）

磨合阶段包括生产磨合（曲线 *OA* 段）和运用磨合（初始磨合曲线 *AB* 段）两个阶段。磨合阶段曲线上升得较快，表示磨损增长得较快。这是因为新车（大修车）零件表面比较粗糙，加工后的几何形状和装配位置存在一定的偏差，致使相配零件接触面积减小，单位面积的负荷增加，润滑油易被挤出而产生干摩擦或半干摩擦；同时，新装配的零件表面凹凸部分嵌合紧密，在摩擦作用下，将有大量的金属屑被磨落进入润滑油中，使磨损加剧；并且随着摩擦作用的加剧，零件表面还将产生较多的热量，这样润滑油的黏度就会降低，润滑情况恶化。因此相配零件的磨损，在磨合阶段比较严重。

2. 正常工作阶段（曲线 *BC* 段）

由于零件已经磨合，其工作表面凸出的金属尖点部分已经被磨掉，凹入部分由于塑性变形而填平，零件的工作表面已达到相当的粗糙度，润滑条件已有一定程度的改善，因此磨损比较缓慢。

3. 加速磨损阶段（曲线 *C* 点以后）

曲线从 *C* 点向右开始剧烈地上升，这是由于相配零件间隙已达到最大允许限度，间隙过大，冲击负荷增大，润滑油油膜已经不能保持，零件磨损急剧增加。这时如不进行调整、修理，则将由自然磨损转变为事故磨损，将会造成零件的迅速损坏。

机械零件在使用过程中，必然会发生磨损以致损坏，这是事物发展的客观规律。然而只要了解和掌握这个客观规律，采取必要的措施就能减轻其磨损，延长其使用寿命。如图 2-4 所示的下一条曲线，由于新的或大修后的机械在磨合时期严格了操作规程，加强了紧定、保养、润滑等措施，使运用磨合时期零件的磨损量减轻，从而增长了正常工作时间，增加了大修间隔期。因此必须针对机械的磨损规律，合理地使用机械，适当地进行调整、保养工作；在修理中加强技术鉴定，严格技术标准，确保修理质量。只有这样，才能最大限度地发挥机械在工作中的作用。

2.3　零件的腐蚀

金属零件的腐蚀是指零件表面与外部介质起化学或电化学反应而发生的表面破坏现象。腐蚀的结果是使金属表面产生新的物质，时间长久就可使零件报废。机械中常见的腐蚀现象有机械零件存放中生锈，零件受有机物、水、燃料及润滑油中酸或碱类的腐蚀，在高温条件下工作的零件受到氧化等。腐蚀可分为化学腐蚀、电化学腐蚀、氧化等几种形式。

2.3.1　化学腐蚀

化学腐蚀是指金属与外部介质直接起化学作用，引起表面的破坏。它与电化学腐蚀的区别是没有电流产生。

化学腐蚀过程：开始时，在金属表面形成一层极薄的氧化膜，然后逐步发展成较厚的氧化膜，当形成第一层金属氧化膜后，它可以减慢金属继续腐蚀的速度，从而起到保护作用，但所形成的膜必须是完整的，才能阻止金属的继续氧化。

金属与空气接触生成氧化膜就是化学腐蚀的一种。金属表面与机油接触，由于机油中含有有机酸或酸性物质，使零件表面受到强烈腐蚀；燃料与润滑油中含有硫的成分，它对轴承合金的影响很大，对钢铁也有很强的腐蚀作用。金属表面的腐蚀，使金属材料的性质起了很大变化，甚至严重损坏。如有机酸把铜铅合金轴承的铅腐蚀掉，增加了轴承的负荷应力和摩擦系数，加速了磨损，常常引起合金脱落。

2.3.2　电化学腐蚀

电化学腐蚀对机械设备所造成的危害，远比化学腐蚀广泛而严重。这是由于机械设备大部分零件材料的表面状态及环境，提供了产生电化学腐蚀必需的条件。产生电化学腐蚀的条件是：① 存在腐蚀介质——水中溶入电解质；② 存在电位差——在电解液中，金属表面有成分或组织相的不同或应力分布不均匀，呈现电位差。

然而，现今机械设备上绝大多数零件皆由含有多种元素的钢铁材料制成，各种元素各具不同的电极电位，同时加工工艺也都使零件表层残存着以各种形式分布的残余应力。特别是存在着某些缺陷的表面（如表面划痕、碰伤、压痕、磨削、烧伤等），沿缺陷的边缘将形成结构和应力不均匀分布的现象。不难看出，出现以上所列举的成分的、结构的、应力的、不均匀态势的概率比较普遍；从环境条件看，暴露在大气中的零件，当大气的相对湿度超过某一临界值时，存在于表面上的某些吸湿性物质（或是腐蚀过程中形成的吸湿性产物），就从大气中吸收水分，使零件表面湿润。空气中的有害成分如 CO_2、SO_2 等溶入其中，就成了腐蚀电解液，给电化学腐蚀创造了条件。也就是说，无任何保护而直接暴露在大气中的零件，将不可避免地要遭受不同程度的电化学腐蚀。

图 2-5 所示的是铁表面散落有碳或 $(NH_4)_2SO_4$、SO_2 时，在不同 SO_2 含量的空气中腐蚀试验的情况。从图中可以看出，当空气中含有各种杂质成分时，腐蚀速度能增加 10～30 倍（腐蚀后表面生成氧化物，使试件质量增加，图中的腐蚀速度以增加的质量表示）。灰尘对生锈的影响是严重的，因为它吸湿性很强，如含碳的物质，能吸收酸性的含硫气体，加速了腐蚀。有时灰尘本身就具有腐蚀性。在工业污染严重的环境中，常常会遇到这种情况，暴露在大气中的机具，其他部位比淋雨的部位锈蚀得更严重。这是由于淋雨部位上的尘埃与腐蚀电解质，常常被雨水所洗刷冲淡。由此可见，经常擦拭对其减轻腐蚀有一定作用。

金属的防护，在一般情况下常常采用保护性覆盖层。这种保护性覆盖层，可以是一种较为耐腐蚀的金属层（如铬层），或者是阳极性覆盖层（如镀锌铁皮，锌受到阳极腐蚀，而钢铁则得到阴极保护），或者是某种有机涂层（如漆层）或无机涂层（如搪瓷）。

大面积的防腐保护，一般采用涂漆。漆涂层除能起到通常所认为的隔离水和氧对金属表面的直接接触外，其中的金属颜料成分（如防锈漆中的铅丹），还能够起到阻蚀剂的作用，能降低透过漆膜的水分的腐蚀性，并且在某些情况下，能起到一定的保护性阳极的作用。对于那些经常裸露的金属表面（如斗齿、行走系统零件等），虽然磨粒磨损是主要的，但停歇时的腐蚀损失也相当严重。

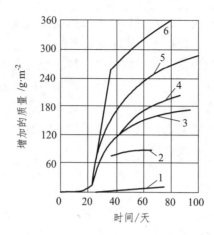

图 2-5　铁在空气中与各种物质接触时的腐蚀速度

1—空气与碳；2—空气与$(NH_4)_2SO_4$；3—空气与SO_2；4—空气+SO_2与SO_2；
5—空气+SO_2与$(NH_4)_2SO_4$；6—空气+SO_2与CO_2

2.3.3　氧　化

大多数金属与空气中氧化剂起作用，会在表面形成氧化膜，这种作用与化学、电化学作用不同，它无需表面存在腐蚀介质。在低温情况下，这层氧化膜形成后，一般对金属基层起保护作用，能阻止金属继续氧化；然而在高温的情况下，膜层将出现裂缝和孔隙，覆盖作用变差，这时氧化将以等速度不断继续下去。

长期在高温条件下工作的铸铁零件，其组织结构中的碳化铁将碳不断以片状石墨的形态析出，并呈连续分布使铸铁件结构松散，并出现缝隙，为炽热气体侵入提供通道，因而氧化深入到结构内部。由于高温状态下不断石墨化及氧化的结果，材料外表虽维持完整，但内部却失去了原有的机械性能。典型例子是缸盖气门口及燃烧室附近组织的烧损。

2.3.4　减轻零件腐蚀的措施

1. 合理选材和设计

（1）合理选材：即根据使用环境要求，选择合适的材料。如选用含有镍、铬、铝、硅、钛等元素的合金钢，或在条件许可的情况下，尽量选用尼龙、塑料、陶瓷等材料。

（2）合理设计：通用的设计规范是避免不均匀和多相性，即力求避免形成腐蚀的条件。不同的金属、气相空间、热和应力分布不均匀以及体系中各部位之间的其他差别，都会引起腐蚀破坏。因此，设计时应努力使整个体系的所有条件尽可能均匀一致。

2. 覆盖保护层

这种方法是以表面薄膜的形式附加不同的材料，改变零件的表面结构，使金属与介质隔离开来，以防止腐蚀。这是工程机械中经常使用的防腐措施。

（1）金属保护层。采用电镀、喷镀、熔镀、气相镀、化学镀等方法，在金属表面覆盖一层如镍、铬、铜、锡、锌等金属或合金作为保护层。

（2）非金属保护层。常用的有油漆、塑料、橡胶等，临时性防腐可涂油或油脂。

（3）化学保护层。用化学或电化学方法在金属表面覆盖一层化合物薄膜，如磷化、发蓝、钝化、氧化等。

（4）表面合金化。如氮化、渗铬、渗铝等。

3. 阳极保护和阴极保护

（1）阳极保护：指用阳极极化的方法使金属钝化，并用微弱的电流维持钝化状态，从而使金属得到保护。

（2）阴极保护：用牺牲阳极或通过外加电流的方法将金属阴极极化，使金属的电极电位向负的方向移动，从而减少金属的电化学腐蚀速度。

上述两种保护方法在工程机械中应用不多，但广泛用于船舶、石油、化工等领域。

4. 改变环境

（1）通风、除湿。采用通风、除湿等措施降低大气或其他腐蚀介质的腐蚀性。对常用金属材料来说，把相对湿度控制在临界湿度（50% ~ 70%）以下，可显著减缓大气腐蚀。

（2）缓蚀剂。在腐蚀性介质中加入少量降低腐蚀速度的缓蚀剂，可减轻金属的腐蚀。缓蚀剂有无机和有机两种。无机缓蚀剂常用的有重铬酸钾、硝酸钠和亚硫酸钠等，它们在一定的腐蚀介质中，可减缓金属的腐蚀。有机缓蚀剂又可分为液相和气相缓蚀剂两类，它们一般都是有机化合物，如铵盐、琼脂、糊精等。它们可以吸附在金属表面上，使金属溶解和还原反应都受抑制，从而减轻金属的腐蚀。

2.4 零件的疲劳

疲劳损坏是零件报废的重要原因。疲劳是材料在交变载荷作用下的一种破坏现象，如内燃机曲轴的裂纹与断裂、滚动轴承的损坏多数是由于材料的疲劳引起的。疲劳断裂与静载荷下的断裂不同，其特点是破坏时的应力远低于材料的抗拉强度，甚至低于材料的屈服极限。疲劳断裂不产生明显的塑性变形，而后突然发生断裂。疲劳发生在零件局部应力集中的区域。

疲劳断裂是指零件在经历反复多次的应力或能量负荷循环后才发生的断裂现象。这一类断裂的类型甚多，包括拉压疲劳、弯曲疲劳、扭转疲劳、接触疲劳、振动疲劳等。应该指出，零件在使用过程中发生的断裂，有 60% ~ 80%属于疲劳断裂。其特点是断裂时应力低于材料的抗拉强度或屈服极限。不论是脆性材料还是塑性材料，其疲劳断裂在宏观上，均表现为无明显塑性变形的脆性断裂。

2.4.1 疲劳裂纹的产生

经实验研究指出，零件在疲劳载荷作用下，因位错运动而造成不均匀滑移带，是产生疲劳裂纹的最根本原因。表面缺陷或材料内部缺陷起着尖缺口的作用，使应力集中，促使疲劳裂纹的形成。

承受交变载荷的零件，在较低的应力（低于屈服强度）下，在其表面（当表面经强化处理后可转至表面以下或内部）将出现不均匀的滑移带。在某些强烈滑移带内，各小滑移带的滑移不均匀性更为严重，其高度差造成许多如同锯齿状显微缺口。在两侧高度差较大的滑移面间较尖锐的缺口处，由于应力和应变集中的不断加强，而形成滑移裂缝。

零件的表面难免存在加工缺陷（如刀痕、磨削裂缝、锻造或热处理过热产生的裂缝等）、截面尺寸突变（如台肩、尖角、键槽、小孔等）以及各种腐蚀缺陷（如晶界腐蚀、应力腐蚀、蚀坑等），这些地方将产生较大的应力集中，有利于疲劳裂纹的产生。

金属材料的第二相质点、非金属夹杂物、晶界和弯晶界、疏松、孔洞、气泡等处，也常常是容易形成疲劳裂纹的区城。第二相质点和非金属夹杂物与基本金属的相界面处，有较高的应力集中（比工作应力高 2～3 倍），易造成该处滑移不均匀或者夹杂物断裂而引起疲劳裂纹的产生。滑移带到达晶界或有弯晶界处，滑移方向将发生改变，在该处也形成高应力区，使滑移不均匀。在交变应力的继续作用下，晶界处的变形和应力不断增加，最后晶界处或弯晶界处产生疲劳裂纹。

因此，减少零件的表面加工缺陷和应力集中部位、控制夹杂物等级、细化晶粒和强化金属表面等，是提高疲劳抗力、延长疲劳寿命的有效途径。

2.4.2　疲劳裂纹的扩展

疲劳裂纹的扩展分为两个阶段。

第一个阶段也称为切向扩展阶段。即当疲劳裂纹在零件表面形成后，立即沿着最大切应力方向（与主应力方向约呈 45°）的滑移面向金属内部扩展。扩展的深度一般取决于材料的晶体结构、晶粒尺寸、应力幅度和温度等，大约只有零点几毫米。

第二阶段裂纹按第一阶段方式扩展一定距离后，将改变方向，沿与正应力相垂直的方向扩展。因此该阶段也称为正向扩展阶段，其裂纹基本上以单纯正向疲劳方式，以较均匀的速率稳定向前扩展。当扩展至一定深度后，由于剩余的工作截面减少，应力逐步增大，裂纹将加速扩展，直至最后发生瞬时过载断裂。这一扩展阶段在疲劳断口上，产生宏观的疲劳弧带（前沿线、贝壳线）和微观的疲劳纹（疲劳条带、疲劳条痕），这是判断零件是否疲劳断裂的有力依据。经研究证明，疲劳形式裂纹与超载应力循环相对应，其间距对应于超载应力循环的疲劳裂纹扩展速率。因此，疲劳裂纹也是对疲劳断口进行微观定量分析的重要依据。

2.5　零件的变形

机械在作业过程中，由于受力的作用，使零件的尺寸或形状产生改变的现象叫作变形。机械零件特别是基础零件的变形，将严重影响相应总成和机械的工作质量及寿命。

内燃机修理中，零件的损坏和断裂容易被发现，零件的变形往往不够重视，尤其对基础件（如气缸体、气缸盖等作支撑性的基础件）的变形问题，尚未引起足够重视。影响修理质量的重要元素之一是对基础的形位误差与修复质量的关系认识不足，同时对形位误差的检验方法也不够完善。

2.5.1 零件变形的原因

1. 金属的弹性变形

弹性变形是指金属在外力去除后能完全恢复的那部分变形。弹性变形的机理，是晶体中的原子在外力作用下，偏离了原来的平衡位置，使原子间距发生变化，从而造成晶格的伸缩或扭曲。因此弹性变形量很小，一般不超过材料原来长度的 0.10%～1.0%。而且金属在弹性变形范围内符合胡克定律，即应力与应变成正比。

许多金属材料在低于弹性极限应力作用下，会产生滞后弹性变形。在一定大小应力的作用下，试样将产生一定的平衡应变。但该平衡应变不是在应力作用的一瞬间产生，而需要应力持续充分的时间后才会完全产生。应力去除后，平衡也不是在一瞬间完全消失，而是需经充分时间后才完全消失。材料发生弹性变形时，平衡应变滞后于应力的现象称为弹性滞后现象，简称弹性后效。

机械修理中，通常经过冷校直的零件，经一段时间后又发生弯曲，这种现象就是弹性后效所引起的。消除弹性后效的办法是长时间的回火，一般钢件的回火温度为 300～450 ℃。

2. 金属的塑性变形

塑性变形是指金属在外力去除后，不能恢复的那部分永久变形。

实际使用的金属材料，大多数是多晶体，且大部分是合金。由于多晶体有晶界的存在，各晶粒的位向不同以及合金中溶质原子和异相的存在，不但使各个晶粒的变形互相阻碍和制约，而且会严重阻碍位错的移动。因此，多晶体的变形抗力比单晶体高，而且使变形复杂化。由此可见，晶粒越细，单位体积内的晶界越多，因而塑性变形抗力也越大，即强度越高。金属材料经塑性变形后，会引起组织结构和性能的变化。较大的塑性变形，会使多晶体的各向同性遭到破坏，面表现出各向异性，也会使金属产生加工硬化现象。同时，由于晶粒的位向差别和晶界的封锁作用，多晶体在塑性变形时，各个晶粒内部的变形是不均匀的。因此，外力去除后各晶粒的弹性恢复也不一样，因而在金属中产生内应力（或残余应力）。另外，塑性变形使原子活泼能力提高，造成金属的耐腐蚀性下降。

3. 零件变形的原因

零件变形，一般表现为弯曲、扭曲、翘曲等几何外形的变化。变形的原因，大多是零件承受的外力与内力不平衡，或由于加工过程的残余应力消除（如未经热处理或时效处理）而出现的内应力不平衡。这些情况，有的属于热加工应力（如铸件在加工过程中，零件的某些部位冷缩不均匀，形成拉伸应力），有的属于冷加工应力（如冷冲压过程，产生局部晶格歪曲而形成残余应力）。这些应力如超过零件材料的屈服极限，就产生塑性变形；超过强度极限，就产生破裂。

如拧紧气缸盖各螺栓或螺柱时，如果扭矩不均匀，使螺杆的拉力不均匀，导致缸盖平面翘曲，还可能导致气缸孔上部变形。在镗缸前，为避免气缸孔下部出现镗缸后变形，应先将主轴承盖螺栓拧紧。冷焊铸铁气缸，如不注意温度分布问题，就会引起破裂。总的来讲，零件变形的原因可归纳为几个方面：① 残余应力的影响；② 外载荷的影响；③ 内燃机修理过程的影响；④ 温度的影响，在温度较高的条件下工作的零件，其屈服极限降低，因而更易变形。

2.5.2　零件变形的危害

机械由于工作条件恶劣，经常满载或超载，一些构件产生变形是常见的。有些零件（如曲轴、连杆等）由于其形状较简单，变形产生的危害比较直观，变形的检查和校正也比较简单，因此在修理中容易被重视。但像某些基础零件（气缸体、变速箱壳体、后桥壳体等）及车架等，其形状复杂，相对位置精度要求高，测量检查及变形的校正均较困难。因此在机械修理中，对这类零件的变形问题就应引起足够的重视。

近年来，经调查研究和修理实践发现，气缸体经使用后，甚至长期放置的备用气缸体，绝大部分会产生不同程度的变形，且约有 80% 以上的变形超过规定的公差要求。气缸体变形可能引起气缸轴线与曲轴线的垂直度，曲轴轴线与凸轮轴轴线的平行度，曲轴主轴颈轴线的同轴度，气缸体上、下平面的平行度，气缸轴线与气缸体下平面的垂直度等的改变。气缸轴线对曲轴轴线的垂直度偏差，可引起活塞连杆组零件在气缸内的倾斜，不利于活塞组的工作，增加了活塞环与气缸壁之间的磨损，使内燃机的使用寿命降低。经发动机台架试验证明，该数值在 200 mm，长度上达到 0.17 ~ 0.18 mm 时，发动机气缸的磨损增加 30% ~ 40%，也就是说发动机寿命相应缩短 30% 以上。

主轴承座孔的同轴度偏差，将引起曲轴在座孔中的挠曲，从而影响润滑油油膜的形成和增加曲轴的附加负荷，因而加速了曲轴及轴承的磨损。这样不但增加了曲轴的附加载荷，加速了曲轴及轴瓦的磨损，还常常导致曲轴的断裂事故。

2.6　穴　蚀

2.6.1　穴蚀的产生

机械上，穴蚀是湿式缸套的主要失效形式之一。它是指水套内的冷却水因缸套受活塞侧压力作用而高频振动时所形成的"气泡"在崩溃（爆破）时产生强大的压力波，猛烈冲击和剥蚀气缸套，使其产生蜂窝状小孔洞的现象。随着内燃机强化指标（平均有效压力、活塞平均速度、比功率等）的提高，穴蚀的速度随之加快，影响日益严重，甚至有的气缸套内壁远没有达到磨损极限，只因气缸套外壁穴蚀难于控制和维修而使气缸套提前报废。如 4115 型柴油机，工作 300 ~ 400 h 后，在承受侧压力较大一侧水套最狭窄处的气缸套外表面，由上到下均出现穴蚀孔洞，有的工作 300 h 即出现穴蚀穿孔现象。

2.6.2　减少穴蚀的措施

为防止气缸套穴蚀，除制造上采取措施增强气缸套抗穴蚀的能力、提高气缸套的厚度和刚度、减轻气缸套的变形和高频振动外，在保修和使用中可采用如下措施：

① 适当减小气缸套与其上下座孔的配合间隙，以减小气缸套的振动频率和振幅。

② 活塞和气缸套的配合间隙应在保证正常运转条件下尽可能减小，以减轻活塞横向摆动所引起的气缸套振动。

③ 及时清除燃烧室积炭，可提高压缩比。在保证动力性和经济性的条件下，适当减小供油提前角，以减轻发动机工作的粗暴程度，从而减轻气缸套的振动。

④ 及时清除水套内的水垢，保持冷却水的清洁和正常湿度，保证冷却系机件工作正常，避免水套变窄，水流短路，产生局部过热或冷却系水温过高，以减少"气泡"的产生，减缓金属腐蚀和穴蚀的发展。

⑤ 保持发动机稳定运转，减少冷却水流动速度和水压的变化，以减少"气泡"的产生。此外，还可在冷却系中加入浓度为 1.5%～2% 的 NL 乳化液，以减轻冷却水的表面张力，从而减轻"气泡"爆炸时所产生的冲击力，减缓穴蚀。

3 内燃机零件的修复技术与选择

3.1 内燃机零件的机械加工修复

机械加工修复是利用金属切削机床和刀具对零件表面重新进行切削加工。它可直接用于修复磨损零件。凡经堆焊、电镀、喷涂等方法修复的零件，为保证配合特性，必须进行一定程度的机械加工。

3.1.1 零件修复中机械加工的特点

1. 零件修复中机械加工的特点

（1）加工批量小。

由修理性质决定，机械加工修复不可能是大批量，通常故障机件是单件或数件，所以工艺过程采用通用标准设备，即通用机床、标准刀具，夹具和量具也是采用现成的。

（2）切削加工余量小。

为保证机件强度和延长其使用寿命，修复表面去除的材料应尽可能少。一般按设计图纸给定的修理尺寸来加工，设计图纸给定的每级尺寸公差一般为 0.2 ~ 0.3 mm。

（3）加工表面强度高。

修复表面一般是配合工件的工作表面，多数经热处理淬硬，或经堆焊、喷涂，其表层硬度比较高，金属切削加工较困难。

（4）加工表面精度要求高、粗糙度要求严格。

由于修复表面绝大多数为工作面，为保证配合要求，尺寸公差、加工精度和表面光度都要求严格。

2. 零件在修复时应注意的几个问题

（1）定位基准与加工精度。

要保护加工精度，必须有准确的定位基准。旧零件由于耗损大，修复加工设备往往不及制造加工设备精度高，给基准的选择和加工精度的保证带来了一定的问题。为保证加工精度，基准的选择应注意与原来的加工基准重合或选择加工精度高、误差小的地方作为定位基准。

（2）轴类零件的圆角。

曲轴、凸轮轴、连杆等承受交变载荷的零件，在形状和尺寸改变处，对应力集中很敏感。为了减少应力集中，在形状和尺寸改变处应有圆角过渡。在修复加工中，圆角过渡应尽量取其较大值（在不妨碍装配的情况下）。

这是因为修复加工时，如曲轴疲劳强度比新轴有所下降，而圆角半径取大值可以降低应力集中，提高疲劳强度，从而延长曲轴寿命。

（3）修复零件的表面粗糙度。

零件修复后应具有与新零件相同的表面粗糙度。但实际修理中，许多修复零件的粗糙度未达到上述要求。一般修复旧件比新件粗糙度有所升高，这无疑会加剧零件的磨损，从而导致零件的使用寿命缩短。

表面粗糙度直接影响零件的耐磨性，而且由于摩擦的加大使功率消耗增加。同时它还会影响零件的疲劳强度，尤其是优质高强度材料在交变载荷作用下，对粗糙度更加敏感。表面粗糙度还会对零件抗腐蚀性能产生影响。

3.1.2 修理尺寸法

修理尺寸法（又称分级修理法），是对已经磨损的部位按规定的修理尺寸等级加大或缩小，使机件恢复正确的几何形状，使其表面精度和表面粗糙度满足内燃机工作时的配合要求。

如气缸内径和与其配合的活塞，活塞环可采用分级加大，以 0.25 mm 为一级，其级别据其厚度和结构尺寸定。一般分 2~4 级（0.25 mm、0.5 mm、0.75 mm、1.0 mm），个别大内燃机也有分 6 级的。

如曲轴主轴颈、连杆轴颈、凸轮轴轴颈等轴类零件允许分级修理，采用缩小级，其缩小级差视其配套的标准或缩小的轴承级别而定。常见的曲轴主轴瓦、连杆轴瓦、凸轮轴轴瓦为二级。轴颈的修理级别选为二级较省事。根据需要也可选多级（0.25 mm 为一级）或自制选配轴瓦，或采用堆焊再补充机械加工与现成的轴瓦选配。图 3-1 所示为轴和孔的基本尺寸和磨损后用修理尺寸修复的情况。

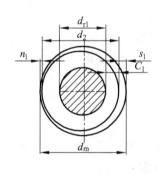
（a）轴的修理尺寸

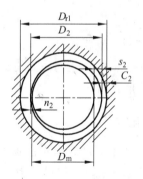
（b）孔的修理尺寸

图 3-1　轴和孔的修理尺寸

轴、孔各级修理尺寸计算公式如下：

轴：
$$d_{r1} = d_m - 2(p_1 s_1 + C_1)$$

孔：
$$D_{r1} = D_m - 2(p_2 s_2 + C_2)$$

$$r_B = 2(p_1 s_2 + C_1)r_0 = 2(p_2 s_2 + C_2)$$

式中 d_m——轴的基本尺寸；

D_m——孔的基本尺寸；

C_1——轴的加工余量；

C_2——孔的加工余量；

s_1、n_1——轴的磨损量；

s_2、n_2——孔的磨损量；

r_B——轴的修理尺寸级差；

r_0——孔的修理尺寸级差；

d_r——轴磨损后的尺寸；

D_r——孔磨损后的尺寸；

d_{r1}——轴的第一级修理尺寸；

D_{r1}——孔的第一级修理尺寸；

p_1——轴的不均匀磨损系数；

p_2——孔的不均匀磨损系数。

3.1.3 镶套修复法

镶套修复法（又称附加零件法），在内燃机零件强度允许的前提下，把零件磨损部位（孔或轴颈）用金属切削方法整形，用过盈的配合方式镶上一个金属钢套，壁厚一般为 2 ~ 3 mm。然后对其机械加工，使零件恢复到基本尺寸。

1. 衬套材料选择

镶套修复所选用的衬套必须与基本材料一致，或热膨胀系数相同。否则，不能保证过盈配合性质的稳定性。

如镶气门座圈，就要选择与基体一致或线膨胀系数相同的材料，如灰铸铁或耐热钢，但是不能用普通钢，以防排气的高温使普通钢氧化脱皮。为了获得很好的耐热性能，也可镶比基体金属好的耐磨材料。

2. 过盈量确定

镶套修复所选用的过盈量要合适，不能光凭经验，必要时要经过强度验算。过盈不足，工作时易产生松动和脱离；过盈太大，会造成压配困难，严重时零件会产生变形或挤裂。

镶套过盈量应选择合适，必要时要经强度计算。镶套时由于多是薄壁衬套，包容件受拉应力，被包容件受压应力，套壁不厚（一般为 2 ~ 3 mm）时，应力大小与相对过盈量成正比。

相对过盈量就是单位直径（为镶套的基本尺寸）上的过盈量，如轴承孔镶套，套外直径基本尺寸为 100 mm，其过盈量为 0.05 mm，相对过盈 $\frac{0.05}{100} = 0.0005$。

根据相对过盈量的大小，镶套配合分为四级，分别为轻级、中级、重级、特重级，如表3-1所示。

表 3-1 镶套中的静配合

级别	相对平均过盈量	配合代号	装配方式	特 点	应 用
轻级	0.000 5 以下	$\frac{H8}{r5}$, $\frac{H9}{r8}$	压力机压入	传递较小扭矩,保持相对位置,受力大时紧固	变速器中间轴齿圈,镶后焊牢
中级	0.000 5 ~ 0.001	$\frac{H9}{s3}$, $\frac{H7}{r4}$	压力机压入	受一定扭矩及冲击,分组选择装配,受力过大时,仍需另行紧固	气缸套、气门导管、变速器及后桥壳上孔、变速器中间轴齿轮(加键)
重级	大于 0.001	$\frac{H8}{s7}$	压力机压入	受很大扭矩,动载荷不加固,分组装配加热包容件,冷却被包容件	飞轮齿圈、气门座圈
特重级		$\frac{H7}{u4}$	温差法		

3. 加工表面要求

为保证准确的过盈量,配合面加工精度要求较高,尺寸精度一般采用 IT7 ~ IT6;表面粗糙度要求严,一般为 $R_a2.5$、$R_a1.25$。

如表面粗糙度过高,压入时表面凹凸处互相剪切,压入后实际过盈量减小。同时由于表面粗糙,气缸套与孔的贴合面积减小,散热性能变差。各零件粗糙度和加工精度,应根据图纸要求选择。

4. 镶套操作

镶套是谨慎细致的钳工操作。镶套前需要仔细检查配合件尺寸、形状误差、倒角、粗糙度,并做好除锈、除油等清洁工作。在允许的圆柱度范围内,孔应大头朝上,镶入件应小头朝下,两配合件椭圆长短轴一致,平稳压入。忌用榔头敲击,压入过程中应注意检查压入件是否歪斜,压力是否正常。

取出时,忌用榔头硬敲,应当用拉器拉出,或者用压床压出。气门座圈的拆除,可采用一废气门与座圈焊上几点,然后用压床压出或用软榔头打出。

过盈量不大的套接件可直接冷压;过盈量大的套接件,可采用温差压入法。一般是将孔类(包容件)加热至 150 ~ 200 ℃,在热状态将常温的轴类(被包容件)压入,或将轴类用干冰等冷却方法收缩,压入常温的孔类零件内。对于过盈量特大的套接件,也可采用同时加热包容零件和冷却被包容零件的方法。

3.2　零件的校正及表面强化

零件的校正及表面强化都是利用金属的塑性变形来加工的一种方法。前者是利用恢复磨损或损坏部位的形状,后者是为了获得强化的表面以承受较大的拉应力,改善零件的表面性能。

3.2.1 零件的校正

1. 压力校正的工艺特点

（1）适用于塑性好的材料。

塑性变形好的材料具有良好的塑变能力，但变形量过大，也会发生断裂。脆性材料塑性极差，不适合于此法修复。

（2）适用于零件局部磨损，且变形量不大的情况。

压力修正针对塑性材料零件的局部失效（变形或磨损）。一般塑性变形量不大，加热温度也不需太高，部分零件甚至可以冷态进行。

（3）省工、省料、修复速度快、质量好。

压力修正利用零件本身材料产生的塑性变形来产生膨胀或收缩来补偿零件在工作时所造成的损害，所以工艺过程时间短，修正质量高。

（4）需专用模具。

为保证修正质量，压力修正需设计制造专用模具，对于结构太复杂的零件实施起来太困难，修理厂就要权衡利弊，不一定采用此法。

2. 压力校正的工艺方法

（1）胀大（缩小）校正。

对于形状简单的空心零件，只要材料塑性好，都可以用胀大或缩小的方法修正。

（2）镦粗校正。

轴类零件的径向尺寸磨损后，可用镦粗的方法适当缩短轴向长度而使径向尺寸得到补偿。镦粗时压力与工件塑性变形的方向是垂直的，所以长径比较大的轴类零件需采用压模，以避免弯曲变形。

（3）火焰校正。

用气焊火焰对零件弯曲的凸起部分迅速加热，由于材料加热区膨胀受到其周围金属阻碍而产生压缩变形，迅速冷却就得到收缩的效果，以达到校正变形的目的。

根据零件结构形式和变形的情况，加热可采用一点或多点加热、线状加热、三角形加热。

火焰校正可在 V 形架上进行。工件在 V 形架上转动，用百分表找出凸起点，并做出标记。校正过程用百分表抵在工件上观察工件变化，直至凸起减小或消失。

当工件凸起点温度迅速升高时，表面金属膨胀及工件向下弯曲，上层金属受压应力，在高温下产生塑性变形，如它本来要膨胀 0.1 mm，其余 0.05 mm产生了塑性变形。但是冷却后却仍然要收缩 0.1 mm，由于塑性变形的 0.05 mm无法收缩，从而收缩量大于膨胀量 0.05 mm，那么表层就缩短了 0.05 mm，使工件向上弯曲，就抵消了下弯，起到了校正作用。

火焰校正的关键是加热点温度要迅速上升，焊炬热量要大，加热面积要小。如果加热时间拖长，加热面积过大，整个工件断面温度都升高了，就减少了校正作用。

（4）敲击校正。

敲击校正目前仅用来校正曲轴，这种方法是用钉锤敲击曲柄臂表面，使曲柄臂变形，因而使曲轴轴心线产生位移，达到校正的目的。曲轴的弯曲，可看成曲柄臂的变形，当敲击曲柄臂外侧，在外力作用下，使曲柄臂下方并拢，主轴颈轴心线位移，曲轴向上弯曲。当敲击曲柄臂内侧，在外力敲击而产生的内应力作用下，曲柄臂恢复平行，从而使轴心偏移得到纠正。

3.2.2　零件的表面强化

内燃机零件的失效方式多为疲劳。所谓疲劳，是由于零件在工作时承受交变负荷，对金属材料表面形成拉应力，其值超过疲劳极限时，零件表面便出现疲劳裂纹，严重时会断裂。

为保证某些重要零件的使用寿命，往往采取表面强化的手段，故意在零件表层材料产生残余压应力，以与其在工作时产生的拉应力相抵消，弥补了由于其修复方面带来的副作用，保证了零件的使用寿命。常用的表面强化手段是喷丸、滚压等。

1. 喷　丸

喷丸是工业上采用的提高零件疲劳强度的方法。其工作简单，实施方便。喷丸强化采用 0.4～0.5 MPa 的压缩空气，将直径为 0.6～1.2 mm 的铸铁或钢丸由专用的喷口高速喷出（75 m/s 左右），这些高速的丸粒喷射于零件表面，其能量转换使零件表面金属晶格变化形成残余压应力和有一定深度的硬化层。根据不同零件、材料、工艺实践摸索出一套工艺参数，可保证表面强化硬化层为 0.15～0.75 mm。

喷丸强化不适于大量生产，可用于零件内孔、圆角、键槽的局部强化，也适用于校直镦粗、胀大以及堆焊、电镀等修复之后的强化。

2. 滚　压

滚压强化也是工业上采用的一种表面强化方法。具体做法是用硬质滚轮或钢球对工件表面进行滚压，使零件材料表面致密，达到冷作硬化的目的。对于钢性不足的零件，为防止在滚压中产生弯曲，可用多滚子滚压，如图 3-2 所示。

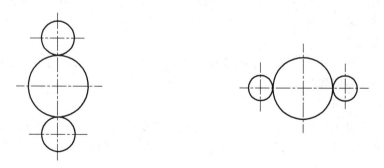

图 3-2　多滚子滚压

滚压轮可装于车床上代替车刀，对零件轴径和端面进行滚压强化。滚压加工余量不大，为 0.01～0.02 mm，可在零件加工公差中解决。

图 3-3 是一种结构最简单的滚压工具，由杆 1、轴 2 与滚子 3 组成。杆 1 的材料用中碳钢；

滚子 3 用高速钢，淬火硬度为HRC62～65；轴 2 的材料为 40Cr，淬火硬度为HRC30～40。滚子和轴的工作表面经淬火后粗糙度为$R_a0.16$。

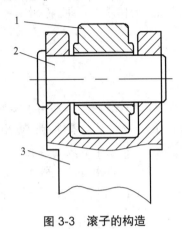

图 3-3　滚子的构造

1—杆；2—轴；3—滚子

根据工厂实践，滚压可以提高零件尺寸精度，降低表面粗糙度值，可以提高零件表层硬度，抗疲劳强度也有较大提高。此法实施不难，工装简单，操作方便，对没有磨床的修理厂尤为现实。

推荐的工艺参数：工件速度为 150 m/min 左右，滚轮纵向进给量为 0.1 mm，横向进给量为 0.03 mm，滚两次。

3.3　内燃机零件的焊修

任何一种内燃机在经过长期使用之后，不可避免地将会产生零部件断裂、磨损等故障。通过焊修可以使零件得到较大的强度，焊层的厚度便于控制，一般手工焊的设备简单，成本低，因此已成为一种不可缺少的旧件修复方法。基本的焊接方法如图 3-4 所示。

焊接修复的工艺特点如下：

（1）修复范围广。

用焊接的方法可以修复内燃机上的大多数金属零件的故障缺陷，如脆性断裂、疲劳裂纹以及长期工作的机械磨损。

（2）所需设备简单。

内燃机厂所遇到的故障零件常为单件，尽管有相似的故障件，但是由于用户的要求，常常不可能积攒成批量一块儿进行。考虑到经济性和批量，一般采用手工焊修设备和通用工装即可。

（3）焊修成本低。

由于焊修设备简单，焊修仅用特制的电焊条，不消耗金属材料，焊修成本不可能太高。

（4）焊修强度高。

只要焊前进行必要的接头清理，如除油、去锈，焊条选择得当，按操作规则进行即可。焊层厚度可以控制，焊层硬度也可以控制，焊层与零件材料结合强度不低于基本强度。

（5）焊熔造成零件变形和产生应力硬度。

由于焊修时的高温瞬时可达近 200 ℃，焊条和基体材料熔化后凝聚成一体，被焊修的零件难免产生热应力和组织应力，刚性不好的零件容易变形。焊接方法不正确，焊前预热不充分，或焊后没有缓冷和进行必要的热处理工序，就会产生应力裂纹。

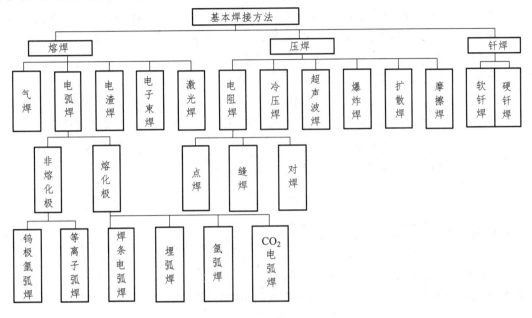

图 3-4　基本焊接方法分类

3.3.1　铸铁零件的焊修

铸铁的塑性差而且有脆性，应力超过强度极限时便能在焊缝或焊缝附近出现裂纹。铸铁零件如气缸体、气缸盖都是复杂的薄壁空间结构，铸铁本身的导热能力又较差，因此铸铁件在焊修时，焊补区与其他各部分的温差是比较大的，温差高的焊补区要膨胀，但却受到它周围冷的部分牵制；反之，当焊补区冷却要收缩时，周围的金属又要把它拉住不让它收缩。于是就在焊补区和它周围金属之间产生了很大的拉应力，往往会把焊补区拉裂，如果焊缝熔合区有白口层，就会在白口层处撕裂剥离。而当焊缝强度高于母材，焊接应力较大时，也会将母材撕裂。

3.3.2　合金钢零件的焊修

碳钢中的碳含量对可焊性有一定的影响。含碳量在 0.2% ~ 0.25%的钢具有良好的可焊性，随着含碳量的增加可焊性显著下降，焊接中合金元素容易烧损。合金元素的烧损使焊缝金属的性能与基体金属产生差别。产生的氧化物和气体，还会形成夹渣、气孔等焊接缺陷。焊接中产生较大的焊接能力，这是因为在加热和冷却过程的组织变化中，不同的晶格构造的金属具有不同的比容（物质单位质量的容积）和膨胀系数的关系。另外，焊缝金属在焊接中组织起了变化，由于不同组织具有不同的膨胀系数，当焊件温度变化时，也会产生应力。

3.3.3　铝合金零件的焊修

① 铝表面有一层难熔而且强度较大的氧化膜，它阻碍铝熔化和焊接。铝的熔点在 650 ℃ 左右，而氧化膜的熔点高达 2 050 ℃，铝的密度为 2.7 g/cm³，而氧化膜的密度为 3.85 g/cm³，所以氧化膜在熔化时，阻碍铝的熔化；而当氧化膜熔化后，又阻碍了铝的熔合，因此很容易形成夹渣。

② 铝在受热后，冷却收缩大，高温强度低。

③ 铝与铝合金由固体转为液体无明显的颜色变化，很难判断加热程度和温度，而且铝熔化时会造成四处溢流，不好控制。

④ 铝在液态时吸收大量的氢气，固态时又几乎不吸收氢。在焊缝冷却时，氢来不及析出，形成大量焊接气孔。

3.3.4　铜及铜合金的焊修

铜及铜合金的焊接性较差，主要表现在：

① 铜及铜合金导热系数很大，热量散失而达不到焊接温度，容易出现不熔合和焊不透的现象。

② 铜在液态时能溶解大量的氢，凝固时，溶解温度急剧下降，氢来不及析出而形成气孔。

③ 铜及铜合金的线膨胀系数及收缩率都很大，易产生较大的焊接应力而变形甚至开裂。

④ 铜在高温液态时易氧化，生成的氧化亚铜不溶于固态铜而与铜形成低熔点共晶体，使接头脆化，易引起焊接裂纹。

铜及铜合金可采用氩弧焊、气焊、埋弧焊、等离子弧焊等方法进行焊接。紫铜和青铜采用氩弧焊焊接时质量最好。采用焊条电弧焊时质量不稳定，焊缝中容易产生缺陷。采用气焊时，要用特制的含硅、锰等脱氧元素的焊条，并且要用中性火焰，焊接质量差、效率低，应尽量少用。黄铜常用气焊进行焊接，焊接时，用含硅焊条配以含硼砂的溶剂，能够很好地阻止锌的蒸发，同时还能有效地熔入熔池，从而减少焊缝产生氢气孔的可能性。埋弧焊适用于焊接厚度较大的紫铜板。

3.4　内燃机零件的电镀修复

内燃机上许多重要的零件是优质合金钢制造的，加工精度高，但许多零件在使用过程中只磨损 0.01 ~ 0.05 mm 就不能再使用了，这种情况用电镀法最为方便。如为了恢复零件的尺寸，只刷镀上薄薄一层快速镍，比原来淬火表面耐磨；气缸套镀铬，可大大延长大修间隔里程，并节约燃料。

各种铜套用缩小内径后外径加大镀铜法修复，可节约大量贵重金属铜。除上述耐磨镀铜外，还有装饰性镀层（镀金、银、镍）、防锈镀层、特殊镀层。

总之，用电镀法不仅可以恢复零件的尺寸，改善零件的表面性能，同时因电镀过程中温度不高，不会使零件变形，也不会影响零件原来的处理结果，所以电镀修复是旧件修复中必不可少的一种方法。电镀可采用有槽和无槽电镀（如刷镀）等方式进行。

3.4.1 电镀的一般常识

电镀的原理在中学化学课里已学过，这里只解释几个电镀工作中碰到的名词。

（1）电化当量（C）。

理论上每安培小时电量所能析出的金属质量，叫电化当量。常见金属的电化当量如表 3-2 所示。

表 3-2 常见金属的电化当量

金属名称		克当量	电化当量 /[g/（A·h）]	金属名称		克当量	电化当量 /[g/（A·h）]
铬	Cr^{+6}	8.666	0.323	银	Ag^{+1}	107.88	4.025
镍	Ni^{+2}	29.36	1.095	铁	Fe^{+2}	29.924	1.042
	Ni^{+3}	19.57	0.73		Fe^{+3}	18.62	0.694
铜	Cu^{+1}	63.54	2.382	锡	Sn^{+2}	59.35	2.214
	Cu^{+2}	31.77	1.186		Sn^{+4}	29.675	1.107
锌	Zn^{+2}	32.69	1.22	铅	Pb^{+2}	103.605	3.865
氢	H^{+1}	1	0.037 5	金	Au^{+3}	65.67	2.45

金属离子在溶液里带正电，每析出一个一价的金属原子，就需要给它一个电子。因此，析出金属的质量是与流过的电子数量，即电量 Q 成正比。

电镀工作中，电量 Q 的单位是安培小时。1 安培小时等于 3 600 库仑（安培秒）。

镀积金属的极析出量=电化当量×电量=电化当量×电流×时间

即 $$G = C \cdot Q = C \cdot I \cdot t$$

（2）电流效率。

在实际电镀过程中，并不是所有电流都用来析出金属，而是有一部分电流在电解水，析出氢和氧。

$$电流效率 = \frac{实际镀积质量}{理论镀积质量}$$

实际镀积质量=电流效率×理论镀积质量

$$m_{实} = \eta m_{理} = \eta \cdot C \cdot I \cdot t$$

酸性镀铜电流效率在 98% 以上，镀铁的电流效率也在 90% 以上，而镀铬的电流效率只有 12% ~ 15%。

（3）电流密度（D）。

电极表面上单位面积上的电流强度，叫电流密度。

$$电流密度=\frac{电镀电流}{电极面积}$$

$$D=\frac{I}{S}$$

但上式计算的只是电极表面上的平均电流密度，实际上，零件表面上电流的分布是不均匀的，在棱角、边缘、突起处电流密度要大得多，设计夹具就要考虑尽可能使电流分布均匀。

（4）电镀时间（t）。

$$m_{实}=\eta\cdot C\cdot I\cdot t$$

镀积质量又等于镀积面积 S、厚度 b 和金属密度 γ 的乘积。

$$\eta\cdot C\cdot I\cdot t=S\cdot b\cdot \gamma$$

则

$$t=\frac{S\cdot b\cdot \gamma}{\eta\cdot C\cdot I}=\frac{b\cdot \gamma}{\eta\cdot C\cdot D}$$

计算时要注意单位统一。

（5）分散能力。

电解液的分散能力又叫均镀能力。在实际电镀中，电极表面上电流分布是不均匀的，但电解液往往有一种使镀层均匀的趋势，电解液这种使镀层均匀的能力叫分散能力。

（6）深镀能力。

电解液能够在零件表面凹坑里镀上的能力叫深镀能力。镀铜、镀镍电解液的深镀能力强，镀铬电解液的深镀能力较差。

3.4.2 刷 镀

刷镀又称涂镀，是后期发展起来的零件修复工艺。它的特点是可以在不解体或半解体的条件下，不用镀槽而进行快速修复，可用于对轴、壳体、孔类、花键槽、轴瓦瓦背、平面类、小孔、盲孔、深孔等各种零件的修复。

刷镀机动灵活，修复后粗糙度低，又可以准确地控制各种成分和尺寸，修理成本低廉，是最近大力推广的新技术。

1. 刷镀的基本原理

刷镀的基本原理和槽镀基本相同，如图 3-5 所示，刷镀时用外包吸水纤维的石墨镀笔（阳极）吸满镀液，在工件上做相对运动（手动或机动），一般以 10 ~ 25 m/min 的速度运动。这时镀液中的金属离子在电场力的作用下，沉积在被镀金属表面形成金属镀层。镀笔刷到哪里，哪里就形成镀层。随着刷镀时间的增加，镀层逐渐加厚，直至所需的厚度，达到保护、修复工件和改善零件表面理化性能的目的。

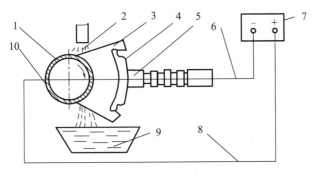

图 3-5　刷镀原理

1—工件；2—镀液；3—阳极包套；4—阳极；5—镀笔；6，8—电线；7—电源；9—容器；10—镀层

2．刷镀的特点

刷镀与电镀的相同之处是镀液中的金属离子在阴极得到电子，还原为原子，形成镀层；刷镀与电镀的不同之处是刷镀不需电镀槽，因此刷镀与电镀相比有如下特点：

① 在大电流密度及高离子浓度下仍能获得均匀、致密的镀层，且镀层沉积速度快，为有槽电镀的 1 ~ 20 倍。

② 可在不完全解体的情况下对个别零件进行局部镀覆，且可现场施镀。

③ 由于不需要镀槽，待镀零件的形状、大小不受限制。不镀表面只需要用胶带纸粘贴保护，绝缘简单。

④ 镀层厚度可控制，能实现精密镀覆。

⑤ 镀层硬度普遍大于槽镀。

⑥ 镀层孔隙率小，比等厚度的槽镀层小 75%，比喷涂层小 90%。

⑦ 对基体金属热变形小，不变形和无金相变化。

⑧ 设备投资少，能耗低，操作工艺简单。

⑨ 镀液无毒害（个别除外），污染小。

3．金属刷镀设备

刷镀的主要设备有电源、镀笔以及辅具和辅助材料。

（1）电源。

刷镀电源主要由两部分组成，即直流电源和安培小时计，其结构示意图如图 3-6 所示。

① 直流电源。

其电压可连续无级调节，并可方便地改变输出电压的极性，以满足不同工艺的要求。其直流线路具有过载或短路快速切断能力。这不仅防止内部元件过载，还可以防止阳极包套被磨破时，阳极与工件（阴极）短路产生火花烧伤工件表面。其电路切断时间仅为 0.02 s。

② 安培小时计。

它是用来控制镀层厚度的。刷镀与槽镀不同，它不能用电镀时间（因为电流经常改变）来计算镀层厚度，而是通过电量 Q（通常以 0.01 A·h 来计算）来计算镀层厚度，并能用电量预算，加以储存。当输出电量达到预定值时，发出报警信号（声和光），说明镀层厚度已达到。

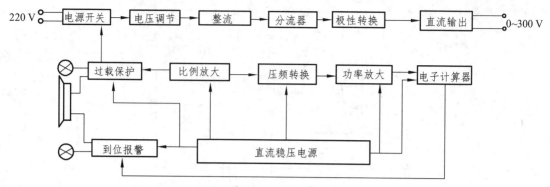

图 3-6　刷镀电源的结构示意图

（2）刷镀笔。

刷镀笔由导电手柄和阳极组成，二者用螺纹连接或压紧。

① 导电手柄。

导电手柄的作用是连接电源和阳极，使操作者可以移动阳极做需要的动作，以实现金属的镀积。导电手柄的构造如图 3-7 所示。

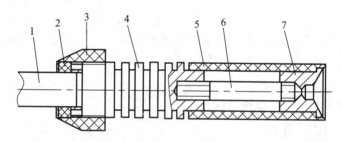

图 3-7　导电手柄

1—阳极；2—O 形密封圈；3—锁紧螺母；4—手柄套；

5—绝缘套；6—连接螺栓；7—电源插座

② 阳极。

最早的阳极是用布包的可溶性阳极（金属）。镀什么金属用什么金属，后来用不锈钢，但由于它们有强烈的极化和钝化，目前刷镀铁和铁合金用可溶性金属外，一般均采用不溶性高纯细结构石墨（又称冷压石墨）。个别阳极尺寸很小，为了保证强度使用铂-铱合金。圆柱阳极也可采用光谱石墨。

阳极用脱脂棉包裹，外面再加一层棉布或涂棉，其作用是储存电镀液，防止阳极与工件短路烧伤工件表面，对阳极脱落的石墨粒子与盐类有过滤作用。

4. 刷镀溶液

刷镀溶液按其作用不同可分为表面准备溶液、电镀溶液、退镀溶液和钝化溶液四大类。机械维修中最常见的是前两种。

（1）表面准备溶液。

表面准备溶液又叫预处理溶液，它包括电净液和活化液。它的作用是除去待镀零件的表面油污和氧化物，以获得洁净的表面和基体金属，为刷镀做准备，如表 3-3 所示。

表 3-3　金属表面准备溶液

名　称	用途及特点
电净液	去除金属表面油污，有轻度去锈能力，对工具表面无腐蚀作用
活化液 1 号（THY-1）	去除金属表面氧化膜，适用于铸铁、钢、镍及不锈钢，作用温和
活化液 2 号（THY-2）	去除金属表面氧化膜，适用于钢、铁、铝、镍、铬和不锈钢，作用比较强烈
活化液 3 号（THY-3）	去除活化液 1、2 号产生的污垢，提高刷镀层与基体的结合强度，导电性能差，一般电压大于 15 V
活化液 4 号（THY-4）	去除工件毛刺或剥蚀镀层，作用强于以上三者，活化时工件接正极

① 电净液。

电净液用于镀前除油，应用时工件一般接负极，如表 3-4 所示。

表 3-4　常见金属的刷镀工艺

基体金属	电净电压	活化 1 号（THY-1）	活化 2 号（THY-2）	活化 3 号（THY-3）	活化 4 号（THY-4）	过渡层	工作层
低碳钢	12～5 V（－）	或 10～18 V	或 8～12 V（＋）	—	—	用特殊镍或碱钢	由需要选镀液
中、高碳，淬火钢	12～5 V（－）（＋）	—	8～12 V（＋）	15～8 V（＋）	—	用特殊镍或碱钢	
铸铁、铸铁	12～5 V（－）	—	8～12 V（＋）	15～8 V（＋）	—	用特殊镍或碱钢	
铝、铝合金	12～5 V（－）	—	8～15 V（＋）	—	—	用特殊镍或碱钢	
镍、铬合金	12～5 V（－）	或 10～15 V	或 8～15 V（＋）	有时采用	12～5 V（－）	用特殊镍或碱钢	
铜、黄铜	12～5 V（－）	—	—	—	—	用特殊镍或碱钢	

电净时，工件接负极，利用产生大量氢气泡对油膜产生撕裂作用及吸附作用去油，同时镀笔与工件的摩擦使油污被碱液乳化而带走。但某些对氢脆敏感的材料（如弹簧钢、高碳钢）不宜采用工件接负极的方法，以防氢脆，而宜采用工件接正极的方法，利用氧气泡去油，但由于氧气泡少，所以去油能力差。特殊要求的零件，可用联合去油法。工件先接负极，再接正极。这样既加快了速度，又减少了渗氢。

电净液配方有多种，均呈碱性。对于铝、锡、锌等易溶于碱的金属，宜采用弱碱性的电净液。

② 活化液。

活化液的作用是除去金属表面的氧化膜，以露出新鲜的基体金属。活化处理有阳极活化和阴极活化。

阳极活化即工件接正极，其活化机理是金属在阳极被电解液溶解及氧化物被析出或被机械地撕掉，从而露出基体金属。

阴极活化工件接负极，其活化机理是靠阴极将氢气猛烈析出，将氧化物还原及机械地撕掉，露出基体金属。

阳极活化与阴极活化的选定，应根据工件的材料及性能要求而定。因阴极活化可避免阳极活化可能出现的过侵蚀，但对于有些材料（如弹簧钢、高碳钢）会产生氢脆；阳极活化能力较强，但易于侵蚀，使工件表面受损，不适于要求高精度工件表面的活化，但可用来刻蚀旧镀层或修正零件的偏磨。

活化液都是酸性，通常使用的有 4 种，即 1 号、2 号、3 号、4 号活化液。其应用见表 3-3。另外还有 5~8 号活化液，能力更强，用于难镀金属的活化。

（2）金属刷镀溶液。

刷镀溶液有近百种，常见的也有数十种之多。按金属离子在溶液中的形态不同，主要分为两种，即有机金属络合物溶液和单盐溶液。最常用金属刷镀溶液如表 3-5 所示。

表 3-5　最常用金属刷镀溶液

名　　称	应用及特点
特殊镍	作用于各种金属的过渡层、防腐层和耐磨层。沉积速度快，镀层细密，在各种金属上都有良好的结合力
快速镍	主要用于恢复尺寸和提高工作表面的耐磨性。沉积速度快，镀层有一定孔隙率，镀层硬度在 HRC50 左右，耐磨性好
低应力镍	作用于防腐涂层和组合涂层的夹心层，降低了刷镀的拉应力，不作耐磨层。沉积速度中等，刷镀层较细密，具有较大的压应力
镍-钨合金	主要用于耐磨层，沉积速度中等，刷镀层细密，硬度在 HRC60 左右
半光亮镍	主要作用于表面装饰，沉积速度慢，表面细密光亮
快速铜	主要作用于恢复尺寸，沉积速度快，但不能在钢铁上直接刷镀
碱铜	主要作用于过渡层和改善工作表面理化性能，如钎焊性、防渗碳、防氮化，刷镀层细密，在各种金属上都有良好的结合强度
半光亮铜	主要作用于表面装饰，沉积速度慢，表面细密光亮
铁	主要作用于恢复尺寸，改善导磁性，使修复后零件仍有钢铁颜色。沉积速度较快，具有一定的耐磨性

① 有机金属络合物溶液。

有机金属络合物溶液是大多数金属刷镀所采用的一类镀液。它采用不溶性阳极，络合物离子性能稳定。对温度和电流密度适应较宽，易于形成均匀、致密的镀层。但对 pH 要求严格，要加缓冲剂。有机金属络合物溶液的主要成分是主盐、络合物和缓冲剂。

② 单盐溶液。

这类溶液最常用的是铁及铁合金溶液。这是因为二价铁离子找不到理想的络合物，如用不溶性阳极和槽镀溶液，一方面阳极氧化物反应强烈，亚铁离子生成大量三价铁离子，溶液变坏；另一方面，阳极包套易结块，产生阳极钝化。

经大量试验，采用可溶性阳极，在以单盐为主的电解液中加入防止阳极钝化的添加剂，这样既可以为阳极溶解补充二价铁离子，又解决了阳极钝化的问题。

这种电解液的主要成分是由主盐、防止阳极钝化的钝化剂和缓冲剂组成的。如快速铁镀中的主盐是 $FeSO_4$，防止阳极钝化的钝化剂是硫酸铝，缓冲剂是醋酸钠。另外，为使镀层平整光洁和防锈，可加入添加剂氧化钴。

5. 刷镀的工艺要求

刷镀的工艺流程为：准备表面（预加工、涂油锈绝缘）电净→水冲→活化→水冲→镀过镀层→水冲→镀工作层→镀后处理。

电净完了的标志是水冲后，被镀表面水膜连续电净时，刷镀邻近表面同时进行电净处理，然后用水冲电净液。

活化是刷镀好坏的关键，必须认真做好，它决定了工件与刷镀层是否能结合良好。活化好的标志是低碳钢表面呈银灰色；中、高碳钢表面呈深黑灰色；铸铁表面呈深黑色。

刷镀时，为了获得良好的结合力，一般均用特殊镍或碱铜作过渡层。工作层则根据不同的需要和用途选择活化液和镀液进行刷镀。刷镀溶液的主要参数如表3-6所示。

表 3-6 刷镀溶液的主要参数

刷镀溶液	金属离子含量 /（g/L）	工作电压/V	阴、阳极相对运动速度 /（m/min）	耗损系数 /（A·h/dm²）
专业镍	85（74）	5～10（20～30）	0.774（0.42）	—
快速镍	50（59）	8～14（8～20）	6～12（20～30）	0.104（0.09）
快速镍	68	5～12	25～30	0.11
铁合金	158	5～15	25～30	0.09
低应力镍	75	10～16	6～10	0.214
半光亮镍	62	4～10	10～14	0.122
镍-钨	85	10～15	4～12	0.214
镍-钨-"D"	80	10～15	4～12	0.214
高速铜	116（119）	6～16（4～15）	10～15（10～40）	0.073（0.09）
碱铜	62（64）	8～14（6～15）	6～12（10～20）	0.079（0.18）
高堆积铜	75	8～14	6～12	0.079
半光亮铜	62	4～10	10～14	0.125
半光亮钴	70	8～10	10～14	0.037
中性铬	50	8～15	1～2	—
低脆性铬	100	10～16	4～10	0.01
碱锌	95	6～16	4～10	0.02
铟	65	6～15	4～8	0.04

6. 刷镀层的性能

（1）镀层与基体结合强度。

结合强度是衡量刷镀质量的主要标志之一。目前国内尚无定量测定的方法，只能进行定性测量。一般来看，镍、铁、铁合金等刷镀层与基体的结合强度大于镀层本身强度，并且远高于喷涂，比槽镀还要高。

（2）镀层的硬度。

由于刷镀层具有超细晶粒结构，镀层内应力较大，晶格畸变和位错密度大，所以刷镀层的硬度比槽镀的镀层硬度高。

试验表明，快速镍、镍钨合金、镍钨"D"合金、快速铁、铁合金等，刷镀规范恰当时，其硬度均可达到HR50以上。

（3）刷镀层的耐磨性。

通过试验表明（摩擦对比），镀镍层、镀铁层、镀铁合金层的耐磨性都比45号淬火钢好。其中镀镍层是45号淬火钢耐磨性的1.36倍、镀铁层是它的1.8倍、镀铁合金层是它的1.4倍。

（4）刷镀层对基体金属疲劳强度的影响。

据国外研究资料表明，刷镀由于内应力较大，刷镀层对金属疲劳强度影响较大，一般下降30%～40%甚至更多一些。刷镀后进行200～300℃低温回火处理可减少应力，降低对零件疲劳强度的影响。

3.4.3 镀 铬

镀铬是在内燃机修理中应用时间较早、应用范围广泛的一种修复方法。镀铬修复的质量高，最适合修复磨损量不大且比较重要的零件，特别是用于修复安装滚动轴承的轴颈及各种小轴颈（如活塞销、水泵轴等）的磨损。镀铬还广泛地应用于汽车保险杠、门把手等装饰物的电镀。此外，镀铬也大量用于量具、刃具制造。

1. 镀铬层的特点

（1）优点。

① 具有很高的硬度，可达HV800～1 000，比淬火钢还硬。

② 较低的摩擦系数，镀铬层与巴氏合金为0.13，镀铬层与钢为0.2。

③ 有较高的耐热、耐腐蚀性，在480℃以下不变色（500℃变色，700℃硬度显著下降）。

④ 导热率比钢铁高，所以适用于高温工作的条件。

⑤ 在碱、硫化物、碳酸盐中稳定，但怕盐酸和热硫酸。

⑥ 与基体金属的结合强度好（与钢、镍、铜都有较好的结合强度）。

（2）缺点。

① 镀铬层的吸油性差。在润滑差的地方，可用多孔性镀铬来解决。

② 由于镀层结晶和晶格歪斜，镀层厚度在0.1～0.3 mm为宜，当镀层厚度超过0.5 mm时，结合强度和疲劳强度显著下降。

③ 生产过程复杂、要求高、电效率低。

④ 对环境污染严重，要求集中生产，解决污染问题。

2. 镀铬层的种类和用途

（1）硬质镀铬。

硬质镀铬有3种镀层，即灰暗、光亮、乳白镀层，如图3-8所示。

① 灰暗镀层。

有细小裂纹，硬而脆（硬度HV可达1 200），耐磨性高，韧性差，多用于量具、刃具。灰暗镀层是在高电流密度D=40～100 A/dm^{2}和低温32～35℃的条件下获得的。

② 光亮镀层。

网状裂纹较多，硬度较高（HV900），有一定的韧性，耐磨性好。图3-8中的A处，为一般零件光亮镀铬区域；B处，为点状多孔镀铬区域；C处，为沟状多孔镀铬区域。光亮镀层是

在中等电流密度 $D=25 \sim 55$ A/dm^2 和中等温度 $45 \sim 58$ °C 的条件下获得的。

③ 乳白镀层。

裂纹稀少或无裂纹，硬度低（HV400 ~ 500），韧性高，用于装饰性镀铬和承受较大冲击的零件。但电流密度小，效率低。乳白镀铬是在低电流密度 $D=15 \sim 25$ A/dm^2 和高温 65 °C 以上的条件下获得的。

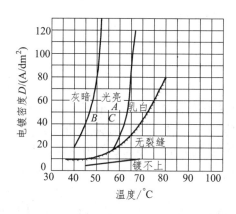

图 3-8　镀铬的 *D-t* 曲线对镀铬层的影响

（2）多孔镀铬。

① 沟状铬层：储油性好，耐磨性好，因此多用于气缸套。

② 点状铬层：较软，易磨合，多用于要求易磨合和气密性高的活塞压缩环上。

3. 电解液的种类（CrO$_3$）

电解液的种类有 3 种，即 150 g/L、250 g/L、350 g/L。

① 150 g/L 电解液为稀电解液，镀层均匀，硬度大，适合耐磨性镀铬。

② 250 g/L 电解液为中浓度电解液，具有通用性。

③ 350 g/L 电解液为浓电解液，效率低，深镀能力好，但镀层较软，孔隙小，适用于装饰性镀铬。

一般修理厂采用浓度为 150 ~ 350 g/L 的电解液。电解液配制时，CrO$_3$ 要纯度在 99% 以上，硫酸要化学纯的。由于 CrO$_3$ 在生产中混有 H$_2$SO$_4$ 时，要边加边试验，镀几件观察镀层是否合适。H$_2$SO$_4$ 的含量应控制在 CrO$_3$ 质量的 0.5% ~ 1%。配制用水为蒸馏水，自来水要煮沸沉淀后方能使用，不能用碱性的井水、河水等。

4. 低铬镀铬和复合镀铬

目前，为了减少污染，提高电效率，有些地方推荐低铬镀铬和复合镀铬。

（1）低铬镀铬。

低铬镀铬又称精密或尺寸镀铬，电效率可高达 18%。

低铬镀铬的配方如下：

铬酐（CrO$_3$）　　　　50 ~ 55 g/L

硫酸（H$_2$SO$_4$）　　　0.5 ~ 0.6 g/L

硼酸（H_2BO_4）　　　　14~15 g/L

（2）复合镀铬。

复合镀铬是在镀铬电解液中加入氟硅酸（H_2SiF_4），一般电效率可达 26%。其配方如下：

铬酐（CrO_3）　　　　　250 g/L

硫酸（H_2SO_4）　　　　1.25 g/L

氟硅酸（H_2SiF_4）　　　9~10 g/L

3.4.4　镀　铁

修复零件的镀铁层的质量虽然不如镀铬，但它具有沉积速度快、材料价格低、对环境污染小等特点，且耗电少、效率高，但由于它结合强度和硬度不够理想，设备又比较复杂，在内燃机修复中，经历了一个由盛到衰的过程，目前仍继续应用，但应用得很少。

1. 不对称交流镀铁

一般镀铁均采用低温（30~50 ℃）不对称交流镀铁。一般交流电是对称正弦曲线，而不对称交流电是正负半周电流大小不等，如图 3-9 所示。

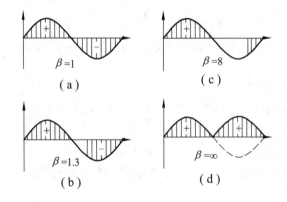

图 3-9　不对称交流正负半周电流的变化

正负半周电流强度的比值叫不对称比，用 β 表示。

$$\beta = \frac{I^+}{I^-} = \frac{D_{正}}{D_{负}}$$

$\beta = 1$ 是对称交流，$\beta = \infty$ 是全波直流。

负半周的导通角，一般由可控硅二极管触发电路控制。最简单的不对称交流镀铁电路如图 3-10 所示。

上镀积铁层，负半周时反向电流经镀槽后由可控硅二极管 3 流回电源，由于工件为正极，镀层又氧化溶解下来一部分。实际有效电流，即电流表 A_1、A_2 之差。

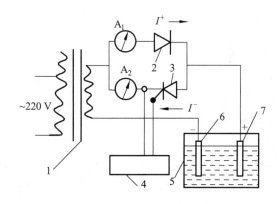

图 3-10　不对称交流镀铁电路

1—变压器；2—硅二极管；3—可控硅二极管；4—触发电路；5—镀槽；
6—工件；A_1，A_2—电流表

图 3-11 是小型镀铁槽的实用电源电路，镀铁电流为 200 A。当闸刀 6 向上扳时，为不对称交流起镀。由触发电路 4 控制 A_2 中反向电流值；当闸刀 6 向下扳时，硅二极管 2 及镀槽 5 组成全波整流，成为直流镀铁；扳动闸刀 6 时，镀槽电流不会中断，直流镀铁时电流 A_1 为原来读数的 2 倍。A_1 可由变压器 1 原边绕组调节。

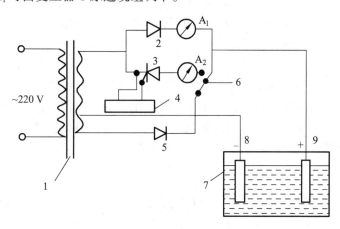

图 3-11　小型镀铁实用电路

1—变压器；2，5—硅二极管；3—可控硅二极管；4—触发电路；6—闸刀；
7—镀槽；8—工件；9—阳极；A_1，A_2—电流表

不对称交流镀铁，在负半周镀件接正极，排斥氢离子(H^+)，因此镀件里溶解的氢大为减少。另外，凸起点在正半周镀得多，但在负半周也相应溶解得多，镀层就比较平滑，也减少了上述由于镀层表面高低不平引起的应力。因此，不对称交流镀铁能够提高镀层与基体的结合强度。在这个底层上再镀积一般直流镀铁层，也就不易脱落了。但从不对称交流起镀转换为直流镀铁，必须均匀地改变，更不能断电；否则会造成前后镀层之间的剥落。

可将起镀分为 3 个阶段：

第一阶段　　　　β =1.3∶1　　　　　　D=20 ~ 40 A/dm^2
第二阶段　　　　β =2∶1　　　　　　　D=70 A/dm^2

第三阶段 $\beta=8:1$ $D=25\ \mathrm{A/dm^2}$

2. 镀铁层的结构与机械性能

（1）镀铁层的结构特点。

镀铁层是含杂质很少的电解铁，在空气中易氧化而生成一种氧化膜。镀铁层的结构特点是层纤维性、多层性和多孔性。

（2）镀铁层的内应力与硬度。

由于镀铁层结晶形成很快，晶粒缺陷较多，变形也大。这使得晶粒之间产生很大的残余应力，这个应力迫使晶粒扭斜，使纤维状结构的镀层变得更硬且脆，比 α 铁硬得多，也脆得多。它的硬度可达 HV500 左右（HRC50 左右）。

（3）镀铁层与基体的结合强度。

镀铁层与基体的结合强度一般可达 200 MPa 以上。镀层与基体之间有金属键结合，所以有较强的结合强度。但在镀层与基体之间有时有一条清晰的或粗或细的黑线，它可能是阳极泥（即钢中残留的炭、油污、氧化膜）、氢氧化铁或其他附着物。这就使得镀铁层与基体结合强度不如镀铬层高（镀铬为 490 MPa）。

（4）镀铁层对零件疲劳强度的影响。

镀铁层对零件疲劳强度影响较大，用试棒试验，疲劳强度下降 30%～40%，曲轴镀铁后疲劳强度下降 25 %。因此，镀铁修复曲轴最好不要等磨损至极限尺寸，而在第一、第二次修复后就可采用，以免引起曲轴折断。

（5）镀铁层的耐磨性。

从各地装车使用表明，镀铁层有较好的耐磨性。其原因是镀铁层有较高的硬度，有利于抗磨料磨损；镀铁层垂直于零件表面生长的束状纤维超细晶粒，晶界不易滑动，提高了耐磨能力；镀层表面能迅速生成一层牢固的氧化膜，阻碍黏着，提高了零件抗黏着磨损的能力。镀铁层的最大缺点是脆性，不能承受较大的冲击负荷或大的接触应力。

3.5 内燃机零件的金属喷涂修复

金属喷涂在国内外内燃机、汽车、机械和船舶修理等方面被广泛应用，已有几十年的历史，在内燃机修理中，它主要用于修复曲轴、凸轮轴等。等离子电弧喷涂高熔点耐磨金属已开始应用于修复内燃机零件，如气门、曲轴等。

3.5.1 金属电弧喷涂

1. 金属喷涂层的形成

这里以广泛采用的金属电喷涂为例来介绍喷涂的形成。当量金属丝等速向前送进，金属丝尖端产生电弧。金属丝不断熔化，被压缩空气吹成细小的颗粒，以高速冲向工件，在工件表面堆积成涂层。电弧熔化金属丝喷涂的过程可分为下列 4 个循环阶段，每一个循环的时间只有千分之几秒。

① 两电极接触，钢丝的尖端熔化。

② 熔化处理被压缩空气吹断，电流突然中断所引起的自感电势产生电弧。

③ 电弧熔化的金属被喷射成小颗粒。

④ 电弧中断。

2. 金属喷涂层的性质

以高速喷射的赤热金属颗粒，只经过 0.05 ~ 0.1 s 就到达零件的表面，各个金属颗粒大小不同，它们的冲击速度、温度和表面氧化程度都不相同，因此所指的喷涂层的结构也是不均匀的。喷涂层不是熔合的金属结晶组织，而是由不同大小的金属颗粒不规则地堆积而成的。颗粒被压扁成鱼鳞状，每个颗粒外面包着一层金属的氧化和氧化膜。

（1）喷涂层的硬度。

金属丝熔滴到达工件表面的温度约为 1 000 ℃，当与零件接触时，迅速下降为 70 ℃，便产生了淬硬作用。颗粒外包着硬的氧化和氧化膜，内部则为马氏体、铁素氏体和托氏体金相组织，因此喷涂层硬度很高，用硬度为 HB230 的 80 号钢丝喷涂，喷后硬度为 HB318。因此喷射距离、压缩空气压力、钢丝的含碳量和喷涂层的厚薄等都对喷涂层的硬度有影响。在实际操作中，影响最大的是喷射距离。

喷射距离、空气压力与硬度的关系（3 条曲线是 3 种不同含碳量钢丝的喷涂性能）如图 3-12 所示。从图中的曲线看出，当压力在 1.35 MPa 以上，距离为 100 ~ 150 mm 时，硬度最高。距离过远，金属颗粒的速度和温度低，削弱了冲击的淬火作用；距离过近，喷涂层的温度高，也减小了淬火作用。另外喷涂层越厚，温度越高，硬度就越低。喷涂层硬度不仅取决于喷涂规范，而且还取决于喷涂用的钢丝的化学成分。钢丝的含碳量越高，所获得的喷涂层硬度也越高。

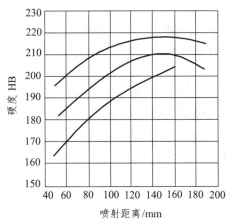

图 3-12　喷射距离（空气压力）与硬度的关系

（2）耐磨性。

一般情况下，零件的修理层的耐磨性与硬度有关，硬度越高，耐磨性越好，但对喷涂层却不完全是这样。由于结合强度很低，在磨合期或干摩擦时的磨损较快。对于曲轴来说，磨下的颗粒易堵塞油道而烧瓦。在这种情况下，其耐磨性只为高频淬火钢的 49%。但由于喷涂层中有许多孔隙，喷涂后经渗油处理，可以储存润滑油，工作时只要能保持油膜，耐磨性就比新件强。

（3）结合强度。

喷涂层结合强度很低，只有 10～20 MPa，这是因为喷涂层与基体无熔合，只有机械嵌合和分子吸引。如工件表面有油、水及锈，则结合强度更低，为此喷涂前工件表面要进行粗糙处理及清除油、水、锈。

（4）疲劳强度。

喷涂对零件疲劳强度的影响比其他加工小，一方面是因为喷涂前做准备时加工量小；另一方面则是喷涂时，基本没有熔化，基体损伤也小。但是修复次数多，表面粗糙，疲劳强度也要下降很多。曲轴喷涂应当注意圆角和粗糙度，如果圆角过小、粗糙度太大，将会引起曲轴使用中折断。

由于喷涂零件不需预热，温升小（只有 70 ℃），所以金相组织不会改变；又因为喷涂层吸油性好，因而耐磨性好；同时它又可以获得较厚的喷涂层，适用磨损量大的零件加工。由于喷涂设备不太复杂，操作方便，生产率高，因此在内燃机零件的修理中占有一席之地。

3. 金属喷涂的设备

喷涂设备主要有电源、压缩空气系统及喷枪等组成。空气压缩机工作气压为 600～800 kPa，供气量每枪 800～1 000 L/min。储气罐的容量应大于空气压缩机半分钟的供气量，以消除供气脉动现象。

4. 金属喷涂的修复工艺

利用金属喷涂来修理内燃机的磨损零件时，主要有 3 个工艺阶段，即零件喷涂前的表面准备、喷涂、喷涂后的表面加工。

（1）表面准备。

表面准备包括除油和除锈、表面加工（如车削轴颈 0.5～1 mm）、表面粗糙（常用喷砂、拉毛、车螺纹等方法）、堵油孔和堵键槽。为了结合牢固，在轴头车燕尾槽或电焊。

（2）喷涂。

喷涂时的操作规范是根据喷枪形式、喷涂金属的材料以及零件的工作条件来决定的。先检查压缩空气有无油、水，在喷枪前 100 mm 处设一张白纸做喷射试验，如有水渍、油渍，检查油水分离器，必要时应更换滤芯。国产 SCDP-3 型金属喷枪喷涂钢丝时，操作规范如下：

压缩空气压力：500～600 kPa。

电压：32～36 V。

电流：70～100 A。

零件旋转线速度：10～15 m/min。

喷射距离：150～250 mm。

钢丝直径：ϕ1.6～ϕ1.8 mm。

一般用碳素弹簧钢丝（YB248-64 Ⅱ a 组）作喷涂的金属材料，含碳量为 0.7 %～0.8 %；如需要高硬度和耐磨性，可用高碳钢丝（T12）作喷涂的金属材料，含碳量为 1.15 %～1.24 %。钢丝在使用前应经清理，除油、除锈。

喷涂应连续进行不可间断，同时注意温升不应该超过 70 ℃，否则要冷却后再喷，以防脱壳、破裂。喷射的金属流，应尽量垂直于零件表面。喷曲轴先喷圆角，再喷轴颈中部。喷枪移动速度为 5 mm/r，凸轮轴、曲轴加工后的最小喷涂层厚度为 0.3 mm。

（3）喷涂后处理与加工

喷涂后处理时，用榔头敲击检查，不合格者除掉重喷。检查后，应进行磨削加工，磨削时可先采用径向切入法，待磨到大于要求直径 0.05 ~ 0.10 mm 时，再做轴向移动，如图 3-13 所示。磨削时，要供给大量冷却液，防止磨粒进入空隙中。磨削后要加工和清除油孔，油孔加工成喇叭形，然后再清除嵌入孔隙中的磨屑，清除的方法是在加工后最好采用蒸汽洗涤机吹洗，也可用热洗衣粉清洗，再用压缩空气吹干，涂上防锈油，不能用汽油清洗，因为汽油的迅速蒸发会使铁末留在孔隙里，难以清除。加工完毕后，零件浸入 80 ~ 100 ℃ 机油中，煮 8 ~ 10 h，进行渗油处理。

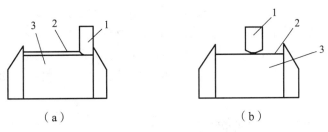

图 3-13　砂轮径向切入磨削

1—砂轮；2—喷涂层；3—轴颈

3.5.2　等离子电弧喷涂

1. 什么是等离子

物理学里讲，物质有固、液、气、等离子 4 种状态。当温度很高时，气体分子互相激烈碰撞，会分解成为正、负两种离子。这两种离子的数量是相当的，它们的正、负电荷也是相等的，所以叫作等离子。

地球高空就是由一层气体的等离子保护着的，宇宙间带电的放射性粒子很难透过这层等离子射到地球表面上来。另外，等离子层对无线电波的传播、天气的变化都有很密切的关系。

2. 等离子电弧

一般电弧焊的电弧温度为 5 000 ~ 6 000 ℃。电弧区气氛中就有一部分是等离子状态的。焊条药皮里的钠、钾、钙盐在电弧高温的作用下，也有一部分电离成离子。等离子电弧又叫压缩电弧，就是把一般电弧焊的电弧"压缩"成为更细的电弧束，使能量更为集中，电弧温度也就由 6 000 ℃ 升高到 15 000 ℃ 左右，同时向电弧吹送氩或氮气就得到等离子流，可以用它来切割、焊接和喷涂，它不仅能熔化难熔的金属，也能熔化难熔的非金属，如陶瓷、石灰等。

3. 等离子喷涂

用等离子电弧熔化金属来进行喷涂叫作金属等离子喷涂，一般是将金属粉末由气流带喷枪，经等离子电弧熔化喷出。喷枪钨极接负极，喷嘴壳接正极。氮气及金属粉（钨、铬、铁等合金粉）由空腔中送入。高频振荡电频电源，在高频电场的作用下，两电极间空气电离，然后再接通电弧的电流。喷嘴用高压水流循环强制冷却。电源工作电压约 80 V，可用两台直流电焊机串接，也可以用硅整流器控制。电弧在喷嘴里被压缩的原因如下：

①气流的压缩作用，即送进的氮气流电弧周围温度降低，只有电弧中心部分的气体处于电离状态，于是电弧导电只靠细的中心部的气体离子进行。

②机械压缩作用，即强电弧通过一个很小的喷嘴孔。

③电荷的吸引力使电弧中正、负离子在通过喷嘴时，互相吸引聚集成为一束。

4. 等离子喷涂的特点

①熔化温度高，能向零件表面喷涂碳化钨等熔点高、极硬的耐磨层。

②喷涂层与基体金属既有熔合也有机械结合，喷涂层的结合强度大为提高。

③仍保留金属喷涂层多孔性的优点，有利于磨合及润滑。

④不仅能喷涂金属，也能在金属零件表面上喷涂陶瓷等耐热、耐磨的非金属。

⑤如果使等离子电弧在钨极和零件之间产生，零件表面的温度更高，即成为等离子喷焊。

3.6　内燃机零件的胶黏修复

零件胶黏修复的特点是工艺简单、设备很少、成本低，不会引起变形和金属组织的变化。

黏结剂种类繁多，内燃机修复中常用的有机黏结剂有环氧树脂、酚醛树脂、Y-150 厌氧胶、J-19 高强度黏结剂；另外无机黏结剂常用的是氧化铜胶黏剂。

胶黏的基本原理是依靠胶黏剂渗入物体表面凹凸不平的孔隙中固化产生的机械镶嵌作用，在液体胶作用下分子间互相吸引以及黏件和胶黏剂分子的互相扩散作用，还有化学反应产生的化学键作用把它们连接在一起。因此，胶黏是机械力、分子力和化学键共同作用的结果。

3.6.1　环氧树脂黏结剂

环氧树脂是一种人工合成的高分子树脂状的化合物，它能与许多种材料的表面形成化学键的结合，产生较大的黏结力。所以用它配成的胶，其用途很广泛，能黏各种金属和非金属材料。

环氧树脂胶黏结剂的优点是黏附力强、固化收缩小、耐腐蚀、耐油、电绝缘性好和使用方便；其缺点是脆、韧性差。

1. 环氧树脂的组成

固化剂固化后才有黏结作用，环氧树脂一般只能现用现配。

（1）环氧树脂。

环氧树脂的分子量为 300～700，它是线性结构，在结构式的两端有环氧基。环氧树脂的主要使用性能指标是环氧值，即每 100 g 树脂里所含环氧基的当量。环氧值高的树脂，分子量小，在常温下是黄色油状液体。这类树脂使用方便，黏结强度较高并且黏结力受温度变化的影响也较小，因此最适合作黏结剂用；环氧值低的树脂，分子量大，在常温下是青铜色固体状胶块，用于灌注和涂料。环氧树脂的牌号和规格如表 3-7 所示。

表 3-7 环氧树脂的牌号与规格

产品牌号	国家统一牌号	软化点/°C	环氧值（当量/100 g）	分子量	特　征
618	E51	液态	≤0.48	350～400	环氧值高、黏结力强、黏度低、使用方便
6101	E44	14～22	0.40～0.47	450	黏度略高，适用于黏一般汽车零件
634	E42	20～28	0.38～0.45	450	
637	E35	30～38	0.26～0.40	700	黏度较高，加温固化时不易损失，适用黏缸体
644	F44	≤44	0.44	3 800	耐热、黏结强度及抗冲击强度高

（2）固化剂。

固化剂也叫硬化剂，它是胶黏剂的主要成分，它与环氧树脂化合，使线性结构变成立体网状结构。固化后，成为热固性的物质，温度升高也不软化和熔化，同时也不溶于有机溶剂。固化后的化学稳定性特别好，既耐酸又耐油。环氧树脂常用的固化剂如表 3-8 所示。

表 3-8　环氧树脂的常用固化剂

固化剂名称		对 6101、634实际使用量/%	性　能	配制方法	固化条件	
					温度/°C	时间/h
胺类	乙二胺	6～8	液体，有刺激性臭味及毒性，放热反应固化快，使用期短	室温下冷却，逐渐加入，适当冷却，防止温度过高失效	室温80	243
	间苯二胺	14～16	淡黄色固体，熔点63 °C，受潮变黑色。耐热性和耐化学性较好，机械强度较高	间苯二胺14～16份加入15份环氧树脂中，加热到70 °C，溶解搅拌，冷却到30 °C，加入其余环氧树脂，并混合均匀	室温80120150	24422
酸酐类	顺丁烯酸酐	30～40	白色固体，熔点53 °C，使用期长，耐热性好	树脂加热至60～70 °C，加入固化剂搅匀（有升华现象）	160200	42
	邻苯二甲酸酐	35～45	白色固体，熔点128 °C，耐热性好	树脂加热至 130 °C，加入固化剂搅匀	150	4
树脂类	650 聚酰树脂	40～100	液体，使用期长，毒性小，韧性好	在室温下与树脂调匀	室温150	244
	酚醛树脂	30～40	液体，固化速度慢，可加胺类催化剂，耐热性好	在室温下与树脂调匀	160180	42

（3）增塑剂。

加入增塑剂的目的是增加环氧树脂胶塑性。增塑剂加入要适量，多了会降低黏结强度和绝缘性，如过多会使配好的胶长时间不易固化。常用的增塑剂用量、形态、注意事项如表 3-9 所示。

表 3-9　环氧树脂常用增塑剂

名　称	对环氧树脂用量/%	形　态	注意事项
邻苯二甲酸二丁酯	10～20	油状液态、增塑降黏	使用多了，降低黏度和电绝缘性，不宜固化
磷酸二苯酯	20～30	白色针状结晶	使用多了，降低黏度和电绝缘性，不宜固化
聚酰树脂	20～30	棕色黏状液体	本身又是固化剂

（4）填料。

加入填料的目的是为了改善黏结后的机械性能、耐热性、电绝缘性和节约树脂用量。常用填料如表 3-10 所示。

表 3-10　环氧树脂常用填料

名　称	作　用	名　称	作　用
玻璃丝、石棉丝	提高强度和韧性	铝粉、铜粉、铁粉	增加导电性
石英粉、瓷粉、铁粉	提高硬度	石棉粉、二硫化钼	提高润滑性
氧化铝粉、瓷粉	增加黏结力	石英粉、瓷粉、胶木粉	提高绝缘性
石棉粉、瓷粉	提高耐热性	滑石粉	增加黏度

用铸铁粉黏补壳体裂纹时，铸铁粉用量为树脂用量的 10%～20%，但在填补铸铁件缺陷时，可用到树脂质量的 30%。石棉粉、石英粉、氧化铝粉在黏补裂纹时，用量为树脂的 10%～20%，玻璃丝或玻璃布用作黏补气缸的填料时，应是无碱的。

（5）稀释剂。

稀释剂用来降低胶黏剂黏度，以便操作时延长胶的使用时间。常用的稀释剂有丙酮、甲苯、二甲苯等。它们只溶解树脂，不参加与固化剂的化学反应，因此用量不限，不需多加固化剂。但应注意在固化前需完全挥发。

甘油环氧树脂、环氧丙烷苯基醚是活性溶剂，它们参加与固定剂的化学反应，因此要多加固化剂，这两种稀释剂，前者用量为环氧树脂胶的 20%，后者为 10%～15%。每 100 g 这两种稀释剂所需另加的固化剂，相当于 150 g 环氧树脂所需的固化剂用量。

（6）促进剂。

为了加速固化和降低固化温度，可以适当加促进剂，如四甲基二氨基甲烷、间苯二酚等。

2．常用的环氧树脂胶配方

内燃机修理中常用的环氧树脂配方如表 3-11 所示。

表 3-11　常用的环氧树脂配方

	补蓄电池	补气缸体水套裂纹	补气缸体气门口与气缸之间裂纹	修复磨损的孔	镶套	修复磨损的轴颈
环氧树脂	6101、100	6101、100	637、100	6101、100	6101、100	618、100
邻苯二甲酸二丁酯	15	15	10	—	10	10
固化剂	8	间苯三胺 15	顺丁烯二甲酸酐 40	聚酰胺 80	乙二胺 7	间苯二胺 15
填料	石英粉 15 石棉粉 4 炭黑 30 电木粉 5	石英粉 5 石棉粉 10 铁粉 50	石英粉 10 石棉粉 12 玻璃丝 10	铁粉 20	— — 玻璃丝	二硫化钼 2 石墨粉 2
备注	用电烙铁开 V 形槽，滴浓硫酸浸润 10 min 后冲净烘干	—	加扣键	孔内涂上胶后将轴涂上黄油装合后固化	配合间隙 0.1 mm	轴颈车 1 mm，用玻璃丝醮环氧树脂缠在轴颈上，固化后加工至基本尺寸

3. 环氧胶的黏合工艺

用环氧胶黏补修复零件的工艺过程可分为 3 个工序：① 黏前表面准备；② 涂胶；③ 固化。

其中，黏前表面准备最为重要，是决定黏补质量的关键。黏结表面要做到无油、无锈，并要有一定的粗糙度增加黏结表面的机械连接作用。此外，对于强度要求较高的重要零件，还应进行化学表面处理，才能保证较高的黏结强度。表 3-12 是不同材料黏合表面的化学处理方法。

表 3-12　黏合表面的化学处理

黏结材料	化学处理剂的组成	处理方法
钢	100 % 的硅酸钠溶液或 100 % 的盐酸溶液	60 ℃ 10 min
	每 100 g 水中加 30 g 马日夫盐	95 ℃ 20 min
不锈钢	浓盐酸 52 g；40 % 甲醛 10 g；30 % 过氧化氢 2 g；水 45 g	65 ℃ 10 min
铝及玻璃	重铬酸钠 66 g；90 % 硫酸 666 g；水 1 000 g	70 ℃ 10 min
软铁、灰铸铁	硝酸锌 70 g；马日夫盐 30 g；磷酸 7 mL，水 1 000 g	103 ℃ 10 min
铝合金	磷酸钠 50 g；铬酸钠 15 g；氢氧化钠 25 g；水 1 000 g	80 ℃ 25～30 min
橡胶	浓硫酸擦洗表面 2～5 min，水洗烘干	室温 5～10 min
塑料	酚醛聚酯用砂轮抛光或火焰处理	
木材	削斜面、增大黏合面、木材含水不能太高	

黏结的接头形式对胶黏强度影响很大，用环氧树脂作胶黏剂时，其抗剪强度和抗拉强度比较好，而抗剥离和冲击强度低，因此在设计接头形式时，不仅要增加黏合面积，以提高强度，而且应对胶合件受力情况进行分析，使其尽可能少受剥离和冲击力，而多受剪切力和拉力。

对有些损坏的部位，为了提高黏结强度，应采取辅助加强措施，如贴补贴布层或钢板、镶嵌燕尾槽、销钉及金属和扣键等。

涂胶要均匀迅速，并施加适当的压力（作一夹具夹紧），胶层厚应控制在 0.1～0.25 mm，太厚或太薄，都会影响黏结强度。

固化时，也要施加一定的压力，在一定的温度、一定的时间条件下进行，对不同的固化剂有不同的要求。

胶黏的条件中最主要的是固化温度，其次是配方的比例（要严格控制），因为它们对胶黏质量影响很大。

3.6.2 酚醛树脂黏结剂

酚醛树脂胶可以单独使用，也可以与环氧树脂胶混合使用。酚醛树脂胶有较高的黏结强度，耐热性好，可在 200 ℃以下长期工作。但性脆，不耐冲击。

酚醛树脂胶与环氧树脂混合使用时，其用量为环氧树脂胶质量的 30%～40%，且要加增塑剂和填料。为了加速固化，要加入 5%～6% 的乙二胺。这样既改善了耐热性，又提高了韧性。

中国科学院北京化学院研究所研制的 KH506 胶，是一种丁腈橡胶——酚醛树脂胶黏剂。它的特点是韧性好、耐热、耐水、耐油、耐老化，可用于内燃机上各种轴、轴承与泵壳类的修复。其配方如下（质量份数）：

酚醛树脂：4；乙胶乙酯：7.2。

丁腈橡胶：3；乙胶丁酯：7.2。

204 胶黏剂是一种酚醛-缩甲醛胶黏剂，它的特点是热性能优良，可在 200 ℃下长期工作。其配方如下：

酚醛：100 份；

6101 环氧树脂：30 份；

聚乙烯醇缩甲乙醛：80 份；

2-乙基 4-甲基咪唑：5 份。

3.7 零件修复方法的选择

3.7.1 零件修补层的机械性能

评价金属修补层机械性能的主要指标是：① 修补层与基体金属的结合强度；② 修补层的耐磨性；③ 修补层对零件疲劳强度的影响；④ 修补层对零件抗腐蚀性的影响。

1. 修补层的结合强度

修补层的结合强度，是衡量修复质量的一个重要指标。如果修补层的结合强度不好，使用时发生脱皮、滑圈等现象，则其他性能也就变得没有意义了。但是修补层的结合强度是一个比较复杂的问题，它不仅与修复工艺和修补层本身的结合强度有关，而且也与零件形状、刚度、表面形状和工作条件等有密切关系。由于晶内结合的结合强度高，因此各种修复工艺都力求实现全部或局部晶内结合。

结合强度试验的方法可分为抗拉、抗剪和抗扭结合强度等。其中抗拉结合强度能比较真实地反映修补层与基体金属的结合强度。对结合强度的测试可从定性和定量两方面进行。

（1）定性测试。

① 敲击。用铁锤敲修补层，当声音清脆而不掉皮时，说明结合良好。

② 车削或磨削。把带有修补层的圆柱形零件进行车削或磨削，能够承受切削力而不脱皮者说明结合良好；若修补层与基体表面脱离，则说明它们之间的结合强度差。

③ 划痕。用带 30°锐刃硬质钢划刀，以足够的压力在修补层上相距 20 mm 处划两根平行线。如果单行程就通过修补层切割到金属基体，在各线之间的任一部分修补层从基体上剥落，说明结合不好。

④ 弯曲。在与工件材料相同，长×宽×高=100 mm×50 mm×1.2 mm 的板上堆积修补层，把它放在 φ25.4 mm 的心轴上弯曲 90°，若修补层不剥落，说明结合良好。

⑤ 缠绕。把具有修补层的带或线状试件，缠绕在规定的心轴上，若有片状脱落，说明结合强度低。

⑥ 热振。把具有修补层的试件加热，然后放在室温水中急冷，修补层不应有剥离、鼓泡等现象。对氧化敏感的修补层，需在还原性气氛中加热。由于加热会提高电沉积层的结合强度，因此该方法不适于电镀层。

以上这些方法操作方便，使用广泛。但不能得出结合强度的具体数据，影响修复工艺的进一步进行。

（2）定量测试。

① 黏结法。

它的原理和试件结构如图 3-14 所示。圆柱形试件 4 的端面经表面处理后进行喷涂，然后精加工，保留涂层 3 的厚度约 0.5 mm，在将此涂层面用高强度胶（E-7）与同一尺寸试件 1 的端面在 V 形块上按黏结工艺的端面进行黏结并固化，同时除去外表溢出的黏结剂后形成一黏结层 2。然后在万能材料试验机上无冲击地缓慢加载，拉伸速度约为 4 mm/min，直至试件拉脱，记录其载荷。采用这种方法时，试件直径一般为 $\phi10 \sim \phi40$ mm。

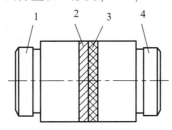

图 3-14　黏结法

1—试件；2—黏结层；3—涂层；4—试件

涂层的结合强度按下式计算：

$$\sigma = 4p / \pi d^2$$

式中　　σ——结合强度，MPa；

p——试件拉脱时最大拉力，N；

d——试件直径，mm。

黏结法简便易行，数据准确，但受黏结剂结合强度的限制，只能用于测定结合强度小于黏结强度的喷涂材料。

② 拉伸法。

图 3-15 为修补层与基体表面的拉伸试验示意图。在零件 A 的中心部位加工一通孔，使内孔与活塞杆 B 为极高精度的滑动配合。零件 A 的上端面与活塞杆 B 的上端面处于同一平面上，按设计的工艺规范对此平面进行修补。然后支撑起 A 的下端面，并垂直向下拉活塞杆 B。当修补层与活塞杆 B 断裂时，由所加的载荷与活塞杆 B 的端面积即可测得修补层与基体的结合强度。

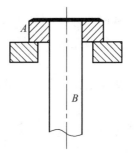

图 3-15　拉伸法试验示意图

A—零件；B—活塞杆

③锥销法。

其原理和试件结构如图 3-16 所示。按规定的工艺规范在销座 2 的上端面进行修补，获得修补层 1，然后对锥销 3 施加压力，直至修补层与销座脱开，记录其压力大小。由压力与修补层的端面积即可测得修补层与基体的法向结合强度。锥销法因小直径锥销与销座孔的加工困难，且因加工误差大造成预紧力和测试结果分散，所以不甚理想。

④拉片法。

这种方法的原理和试件结果如图 3-17 所示。它是在锥销法的基础上进行改进，用夹板 2 代替销座，试片 3 代替锥销。这种方法预紧力小，测试数据比较集中，试件加工也比较方便，且能重复使用，是一种比较理想的方法，可普遍适用。

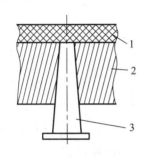

图 3-16　锥销法
1—修补层；2—销座；3—锥销

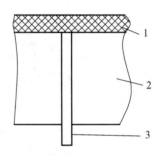

图 3-17　拉片法
1—修补层；2—夹板；3—试片

⑤全息照相法。

使用全息照相设备对试件进行干涉拍照，从得到的干涉图像上获取结合强度的信息。这是各种定量测试结合强度的方法中唯一无损伤的检测，因而具有重要的地位，但距实用和推广还有一定的距离。

2. 修补层的耐磨性

通常用下述几个指标定量地表征磨损现象，说明材料的磨损程度和耐磨性。

（1）磨损量。

它是表示磨损过程结果的量，常用尺寸、体积或质量的减少量来表达。即线磨损量 h（单位为 mm 或 μm）、体积磨损量 V（单位为 mm^3 或 $μm^3$）和质量磨损量 G（单位为 g 或 mg）。

（2）磨损率。

它是指磨损量对生产磨损的行程或时间之比。它可用 3 种方法表示，即单位滑动距离材料的磨损量、单位时间材料的磨损量、每转或每一往复行程材料的磨损量。

（3）耐磨性。

它表示材料抵抗磨损的性能，用规定的摩擦条件下的磨损率的倒数来表示。

（4）相对耐磨性。

它是指在相同条件下，两种材料（通常以其中一种材料或试件作为标准材料或标准试件）的耐磨性的比值。它是无因次量。

耐磨性是决定零件寿命的主要因素，也是修补层的重要性能。它不但决定了修补层的硬度，而且还与摩擦因数、磨合性和润滑条件有关。目前耐磨性尚无统一的数量指标，通常把修补层与某种标准试件在相同条件下进行磨损试验，求得相对耐磨性，即在相同条件下修补层材料与标准试件材料的耐磨性的比值。

$$\varepsilon_r = \frac{\varepsilon_b}{\varepsilon_s}$$

式中　ε_r——相对耐磨性；

　　　ε_b、ε_s——修补层材料与标准试件材料的耐磨性。

磨损试验是在专用的磨损试验机上进行的。磨损量的测量有如下方法。

① 称重法。

在精密天平上称量试件在试验前、后的质量变化而确定磨损量。此法简便易行，是一种常用的方法，主要应用于小试件、塑性变形不大的材料。

② 测长法。

用普通卡尺或测微仪测量摩擦面试验前、后法向尺寸的变化来确定磨损量，主要应用于表面粗糙度小、磨损量不大的试件。

③ 表面轮廓法或表面粗糙度法。

用轮廓仪或表面粗糙度仪测量摩擦表面磨损前、后的轮廓或表面粗糙度变化来确定磨损量，它全面评价磨损表面的特征，主要应用于磨损量非常小的超硬度材料，如陶瓷、硬涂层等，或轻微磨损。

④ 刻痕法。

用专门的金刚石在经受磨损的零件或试件表面上预先刻上压痕，最后用显微镜或硬度计测量磨损前、后刻痕尺寸的变化来确定磨损程度。这种方法易于测量气缸套和机床导轨的磨损。

⑤ 金相分析法。

用光学显微镜或电子显微镜观察表面磨损前、后显微镜组织的变化，分析其变化的规律，判断其磨损程度。该方法特别适用于研究疲劳和腐蚀磨损。

⑥ 化学分析法。

铁质零件在给定的润滑条件下试验，从润滑油取样，烧成灰烬后再用化学定性、定量分析其组成，按润滑油中含铁量高低来确定磨损程度。该方法适用于在内燃机试验中评定主要零件的磨损率及某些因素对磨损的影响。

⑦ 放射性同位素法。

试件先进行放射性同位素活化，使之带有放射性，然后进行磨损试验，测量磨屑的放射性强度下降量或金属转移量，定量换算出磨损量。

⑧ 分析润滑油中含铁量法。

从机械设备中抽出带有磨损碎屑的润滑剂或润滑油，利用光谱技术和铁谱技术分析磨屑中的金属种类、含量、形状、尺寸、材料成分，从而判断零件磨损情况。这种方法能确定磨损情况，进行工况监测。

提高修补层耐磨性的主要途径如下：

① 提高硬度。

提高修补层的硬度可提高其耐磨性。但硬度太高，脆性相应增加，耐磨性反而下降。因此在维修中应提倡等硬度观点，使修补层的硬度尽量与基体相等。

② 细化晶粒。

细化晶粒的修补层，在相同的面积内的晶界增多，修补层的强度和硬度同时增加，其耐磨性也相应提高。

③ 改善金相组织。

碳钢的基体是铁素体和渗碳体，加入适量的合金元素，使之强化。Ni、Si、Al、Co等元素通常溶于铁素体，形成固溶强化；Cr、W、Mo、V等元素能置换渗碳体中的Fe，形成高硬度的碳化物，在软基体上均匀分布成硬质点，是理想的耐磨组织。

④ 改善抗黏着磨损性能。

In、Mo的抗黏着磨损性能好，在修补层表面电镀或刷镀一层In或In的合金，或在喷涂层改善金相组织中加入Mo，都能显著地提高抗黏着磨损性能。

⑤ 形成多孔表面。

修补层表面有许多微孔，能储存润滑油，改善润滑条件，提高耐磨性。喷涂和电镀后经阳极处理得到的多孔镀层，均能提高耐磨性。

3. 修补层对零件疲劳强度的影响

由于内燃机许多零件都是在交变载荷及冲击载荷下工作的。因此，修补层对零件疲劳强度的影响是一个很重要的性能指标。它不仅影响零件的使用寿命，而且关系到工作的安全。修补层使零件疲劳强度降低的重要原因是零件表面受到损伤、修补层与零件表面之间存在内应力等。

（1）影响疲劳强度的因素。

① 疲劳源：零件中的缺陷、喷涂层中的多孔间隙、焊接产生的气孔等都是造成疲劳强度降低的根源。

② 残余拉应力：表面层若保留残余拉应力，将降低零件的疲劳强度；而保留残余拉应力，则可提高疲劳强度。

③ 氢脆：堆焊材料中的油、水处理不彻底，或电镀规范掌握不好，氢原子会进入修补层而形成氢脆，它将降低零件的疲劳强度。

（2）提高疲劳强度的措施。

① 加强焊接过程的保护，防止空气中的杂质和有害气体进入熔池形成气孔，减少修补层的缺陷。

② 改进喷涂前的预处理工艺，进行粗磨处理。实验表明，喷砂处理可以提高零件的疲劳强度，这是由于喷砂时，砂粒的撞击使零件的表层产生应力。由于车螺纹、镍拉毛等都会引起零件疲劳强度的降低，所以被喷砂处理逐渐取代。

③ 喷涂前和堆焊后应进行滚压强化处理，使零件表面的金属经冷压后产生强化作用，组织更致密，硬度和疲劳强度得到相应提高。

④ 对埋焊层进行渗氮处理。焊前要对焊丝进行除油、去锈，对焊剂进行烘焙，减少气孔和渗氢。

⑤ 优选电镀规范，减少渗氢。

⑥ 修补层应做回火处理，降低残余拉应力，同时也可以驱氢。

4. 修补层对零件抗腐蚀性的影响

金属的腐蚀过程虽然慢，但它带来的危害却相当大，破坏机械设备的正常工作，降低使用寿命甚至报废，因此抗腐蚀性也是修补层的重要性能。

防止金属腐蚀的方法很多，大致可以分三大类，即外围介质的处理、电化保护法和保护镀层。其中保护镀层用得最普遍，通常在零件表面镀以金属膜和非金属膜，以及给金属表面加以适当的化学处理，金属喷涂、金属电镀用得最多。但是必须注意：如果修补层与材料基体不同，修复后会加重电化学腐蚀；修补层若有残余应力也加重应力腐蚀；进行修补层设计时，要充分考虑零件修补后的工作条件、环境问题，根据特点选用耐腐蚀性较好的工艺；要按工艺规范进行修补；在修补过程中，零件经常接触各种酸、碱性材料，修补后要及时进行中和处理。几种修补层的力学性能如表 3-13 所示。

表 3-13　几种修补层的力学性能

修复工艺	修补层抗拉结合强度/MPa	修补层与 45 钢的结合强度/MPa	修复后疲劳强度降低的百分数/%	硬度
焊条电弧焊	300～450	300～450	36～40	210～420 HBS
埋弧堆焊	350～500	350～500	36～40	170～200 HBS
振动堆焊	620	560	与 45 钢相近	25～60 HBS
铜焊	287	287	—	—
银焊	400	400	—	—
锰青铜钎焊	350～450	350～450	—	217 HBS
镀铬	400～600	300	25～30	600～1 000 HV
低温镀铁	—	450	25～30	45～65 HRC
低温镀铜	—	320	—	56～62 HRC
热镀铜	230～300	170～210	25～30	140～200 HBS
金属喷涂	80～110	40～95	45～50	200～240 HBS
环氧树脂黏结	—	热黏　20～40 冷黏　10～20	—	80～120 HBS

3.7.2　零件修复方法的选择

零件的修复方法需重点考虑技术上的先进性、生产上的可行性、工艺上的合理性、质量上的可靠性、经济上的合理性。

另外，还要考虑各种修复方法的修复层厚度、性能；零件本身的结构、形状、尺寸和热处理对修复的影响；零件的磨损情况、工作条件对修复的要求等。

1. 技术上的先进性和生产上的可行性

许多修复工艺需配置相应的工艺设备和一定的技术人员，而且会涉及这个维修组织管理和维修生产进度。所以选择修复工艺时，还要注意本单位现有的生产条件、修复用的装备状况、修复技术水平、协作环境等来综合考虑修复工艺的可行性。但是应该指出，要注意不断更新现有的修复工艺技术，通过学习、研发和引进，结合实际采用较先进的修复工艺。

组织专业化机械零件修复，并大力推广先进的修复技术是保证修复质量、降低修复成本、提高修复技术的发展方向。

2. 工艺上的合理性

选择修复工艺要根据损坏形式进行，能够满足待修零件的使用要求，选择合理的修复工艺，也就是说采用该工艺修复时应满足待修机械零件的工况和技术要求，并能充分发挥工艺的特点。因此在确定工艺前应先作如下各项分析。

（1）修复工艺应满足机械零件的工况条件。

零件的工况条件包括承受载荷的性质、大小、工作温度、运动速度、润滑条件、工作面的介质和环境介质等，选择的修复工艺必须满足机械零件的工作要求。所选择的修复工艺进行修复时，温度高，就会使金属机械零件退火，原表面热处理性能被破坏，热变形及热应力增加，材料的力学性能就会下降。进行气焊、电焊、补焊和堆焊工艺时，机械零件会受到高温影响，其热影响区内金属组织及力学性能均会发生变化。因此，这些工艺只适合先焊后热处理的机械零件。内燃机的缸盖气门间的裂纹，因工作温度高，一般不能用粘贴修复，往往用栽丝和打孔灌注无机黏结剂相结合，或用补焊法进行修复。

（2）修复工艺要满足待修零件的技术要求和特征。

技术要求和特征，如零件材料成分、尺寸、结构、形状、热处理、金相组织、力学及物理性能、加工精度和表面质量等。

由于每一种修复工艺都是其适应的材料，所以在选择修复工艺时，首先考虑待修零件的材料对修复工艺的适应性。如热喷涂工艺在零件材质上的适用范围较宽，碳钢、合金钢、铸铁和绝大部分有色金属及它们的合金等几乎都能进行喷涂。金属中只有少数的有色金属及其合金（纯铜、钨合金、钼合金等）喷涂比较困难，主要是由于这些材料的热导率很大，当粉末熔滴撞击表面时，接触温度迅速下降，不能形成起码的熔合，常导致喷涂的失败。

零件本身尺寸结构和热处理特性往往也会限制某些修复工艺的应用。如较小直径的零件用埋弧堆焊修复就不适合，因为在修复过程中，零件不可避免地会破坏它的热处理状态；轴上螺纹车小时，要考虑螺母的拧入是否受到附近轴径尺寸较大部位的限制；电动机端盖轴承孔磨损，不宜用镶套法修复。

（3）覆盖层的力学性能。

在充分了解待修零件的使用要求和工作条件之后，还要对各种修复工艺覆盖层的性能和特点进行综合分析和比较，选出比较适合的修复方法。

修复工艺覆盖层的力学性能主要是指覆盖层与基体的结合强度、加工性能、耐磨性、硬度、致密度、疲劳强度以及机械零件修复后表面强度的变化情况等。在这些指标中，覆盖层与基体的结合强度是首要的评定指标，直接决定了修复工艺对特定工作条件下零件修复的可行性。换句话说，此项指标不符合要求，覆盖层就不能牢固地与基体结合，其他性能再好也没有使用价值。

一般来说，覆盖层与基体的结合方式决定了它们的结合强度。如堆焊、喷焊工艺所得覆盖层与基体之间结合属于冶金结合，有比较高的结合强度；电镀工艺所得的覆盖层与基体之间结合属于分子结合，也有较好的结合强度；而喷涂工艺所得的覆盖层与基体之间结合大多以机械结合为主，其结合强度相对较小，一般不适合修复重载和冲击负荷下工作的零件。另外，被修复的形状、材质、修复前表面处理质量、覆盖层的厚度和应力状态也对覆盖层与基体的结合强度产生极大的影响，应予以在前面考虑。

（4）修复时，要考虑各种修复工艺覆盖层的厚度。

每个机械零件由于磨损等损伤情况不一样，修复时要求的覆盖层厚度也不一样。而各种修复工艺所能够达到的覆盖层厚度均有一定的限制，超过这一限度，覆盖层的力学性能和应力状态会发生不良变化，与基体结合强度下降。因此在选择修复工艺时，必须了解各种修复工艺所能达到的覆盖层厚度。如当零件直径磨损量超过 1 mm 时，有镀铬修复显然是不合适的。下面推荐几种主要修复工艺能达到的覆盖层厚度，如表 3-14 所示。

表 3-14　几种修复工艺能达到的覆盖层厚度

修复工艺	覆盖层厚度	修复工艺	覆盖层厚度
镀铬	0.05～1.0 mm	振动堆焊	0.5～3 mm
低温镀铁	0.1～5 mm	等离子堆焊	0.5～5 mm
镀铜	0.1～5 mm	埋弧堆焊	0.5～20 mm
刷镀	0.001～2 mm	手工电弧堆焊	0.1～3 mm
氧-乙炔焰喷涂	0.05～2 mm	氧-乙炔焰喷焊	0.5～5 mm
电弧喷涂	0.1～3 mm	黏结	0.05～3 mm
喷焊	0.5～5 mm		

（5）考虑修复工艺过程对基体的影响。

某些修复工艺过程中的表面处理方法和加热会对零件基体产生不同程度的影响，会导致零件的形状、应力状态、金相组织及力学性能的变化。

曲轴进行堆焊修复后，其轴颈和圆角部位将产生残余拉应力，当工作载荷叠加时，会使圆角处产生裂纹，疲劳强度下降。

金属喷涂前的拉毛处理，往往会使被处理基体表面粗糙度值上升，并形成一层薄而不均匀的淬火组织，造成拉应力集中，削弱了基体的疲劳强度。

一些高温修复工艺，在工艺过程中零件被加热到 800 ℃以上，零件表面退火，并产生较大的热变形倾向。当温度继续升高时，零件表面熔化形成熔池，热影响区内金属组织及力学性能会发生变化。

由此可见，各种修复工艺过程对零件基体产生的影响不容忽视，应选择适当的工艺或通过改进工艺予以补救。如喷涂前用喷沙工艺代替拉毛处理，既保证了基体与喷涂层间有足够的机械结合强度，又产生了残留压应力，使基体的疲劳强度得以提高。

（6）要考虑对同一机械零件不同的损伤部位所选用的修复工艺应尽可能少。

修复工艺的多少直接影响零件修复的效率和成本，必须认真对待。在质量得到保证的前提下，减少修复工艺，就减少了修复设备的更换和零件的运输，从而减少了人力、物力的投入，缩短了零件修复的时间，提高了零件修复的效率和成本。

（7）要考虑到下次修复的便利。

多数机械零件不只是修复一次，因此要考虑照顾到下次修复的便利。如专业修理厂在修复机械零件时应采用标准尺寸修理法及相应的工艺，而不宜采用修理尺寸法，以免给送修厂家再次修理时，造成互换、配件等方面的不方便。

3. 质量上的可靠性

这是指修补层的质量要过关，能经受住使用的考验，符合对零件修复的各项技术要求。这就要求选择的零件修复方法即工艺要合理，而且加工修复要保证质量。因此一种方法、一种工艺，一定要等单位确实已掌握好，才能投入生产。如镀铁、喷涂、堆焊、刷镀的产品要经试验、试运转合格后再投产，并严格按操作规范，加强质量检查，确保修理质量。

4. 经济上的合理性

在保证内燃机零件修复工艺合理的前提下，应进一步对修复工艺的经济性进行分析和评定。评定单个零部件修复的经济合理性，主要是用修复所花的费用与更换新件的费用进行比较，选择费用较低的方案。单纯用修复工艺的直接消耗，即修复费用，往往不合理，因为在大多数情况下修复费用比更换新件费用低，但修复后的零部件寿命比新件短。因此还要考虑用某工艺修复后还应注意尽量组织批量修复，这有利于降低修复成本，提高修复质量。

一般情况下，衡量机械零件修复的经济性通常用单位寿命费用来确定。

内燃机零件的制造成本（C_p）与修复成本（C_r）分析如下：

内燃机零件的制造成本 C_p：$C_p = M_p + W_p + A_p$

内燃机零件的修复成本 C_r：$C_r = M_r + W_r + A_r$

式中　M——原材料费，p表示制造，r表示修复，后同；

　　　W——基本工资；

　　　A——其他杂费（包括车间经费、企业管理费、废品损失、设备折旧及厂房维修折旧等）；

　　　C——成本。

机械零件修复单位费用分析如下：

$$\frac{C_r}{T_{修}} < \frac{C_p}{T_{新}}$$

式中　$T_{修}$——旧件修复后的使用期，h或km；

　　　$T_{新}$——新件的使用期，h或km。

上式表明，只要旧件修复后的单位使用寿命的修复费用低于新件的单位使用寿命的制造费用，即可被认为修复成本是经济的。

在实际生产中，还必须考虑到会出现因备品配件短缺而停机、停产使经济蒙受损失的情况。这时即使是所采用的修复工艺使得修复旧件的单位使用寿命费用较大，但从整体的经济效益方面考虑还是可取的，此时可不满足上述不等式要求。有的工艺虽然修复成本提高，但其使用寿命却高出新件很多，也可以认为是经济合算的工艺。

提高维修经济效益的主要途径有：

① 前期管理中，在满足产品工艺要求和生产效率的前提下，选购可靠性、维修性好的设

备是设备选型的重要原则。选型不当会给维修管理带来困难，搞好前期管理是提高维修经济效益的前提。

② 在内燃机使用过程中，正确操作、合理使用、精心维护，可防止内燃机的非正常磨损和损坏，并减缓磨损速度，从而可延长修理间隔期和减少维修费用。

③ 做好内燃机预防维修的关键在于掌握内燃机的磨损规律，准确判断磨损状况，适时地进行维修，既不出现失修现象，也不出现过剩修理现象。运用状态监测和诊断技术（包括人的五官感觉和简单仪表等手段）定期检查内燃机，是掌握内燃机实际磨损状况的科学方法。企业应根据本企业内燃机的具体情况，积极推广应用，并通过实践，按检查记录统计分析，合理确定内燃机的检查周期和检修时间。

④ 积极而谨慎地进行改善维修，提高内燃机的可靠性和维修性，从而减少停机损失和维修费用。

⑤ 积极推广内燃机维修新技术、新工艺、新材料，提高维修质量和修理作业效率。

⑥ 积极推广应用价值工程、网络计划技术等现代管理方法。在维修内燃机时，合理组织和使用人力、物力，缩短检修时间。

⑦ 加强维修费用使用的控制、监督和核算，定期进行经济分析，并将分析结果及时反馈给有关部门。

⑧ 合理确定修理的经济界限，适时地进行内燃机更新。

⑨ 合理的劳动组织与科学的管理体制是提高维修经济效益的重要保证，企业应从自己的具体情况出发，不断改进组织与管理制度，建立、健全内燃机维修各级经济责任制。

5. 效率要高

修复工艺的生产效率可用自始至终各道工序时间的总和表示。总时间愈长，工艺效率就愈低。

以上是选择修复方法的基本原则，根据这些原则，确定机械零件修复和工艺的方法与步骤。

（1）首先要了解和掌握待修机械零件的损伤形式、损伤部位和程度；机械零件的材质、物理力学性能和技术条件；机械零件在机械设备上的功能和工作条件。为此，需查阅机械零件的鉴定单、图册、制造工艺文件、装配图及其工作原理等。

（2）考虑和对照本单位的修复工艺装备状况、技术水平和经验，并估算旧件修复的数量。

（3）按照选择修复工艺的基本原则，对待修机械零件的各个损伤部位选择相应的修复工艺。如果待修机械零件只有一个损伤部位，则到此就完成了修复工艺的选择过程。

（4）全面权衡整个零件各损伤部位的修复工艺方案。实际上，一个待修机械零件往往同时存在多处损伤，尽管各部位的损伤程度不一，有的部位可能处于未达到极限损伤状态，但仍应当全面加以修复。此时对照步骤（3）确定机械零件单个损伤的修复工艺之后，就应当加以综合权衡，确定其全面修复的方案。为此，必须按照下述原则合并某些部位的修复工艺：① 在基本保证修复质量的前提下，力求修复方案中修复工艺种类最少；② 力求各种修复工艺之间不相互影响（如热影响）；③ 尽量采用简单而又能保证质量的工艺。

（5）最后择优确定一个修复工艺方案。当待修机械零件的全面修复工艺方案有多个时，最后需要再次根据修复工艺选择原则，择优选定其中一个方案作为最后采纳的方案。

4 内燃机的主要修理工艺

4.1 内燃机的接收和外部清洗

4.1.1 内燃机的接收

1. 内燃机接收检验，以确定内燃机技术状况

（1）向送修单位了解内燃机使用情况变坏的主要特征及润滑油消耗量。

（2）外部检查，填写进厂检修单，如表4-1所示。

（3）对能够运转的内燃机进行运转检查。

① 启动性。

启动系统必须供给足够的启动力矩，克服内燃机的启动力矩。查看内燃机的启动转速是否正常。汽油机在 0～20 ℃ 的大气温度下启动时，转速 n 为 35～40 r/min；柴油机在 0 ℃ 以上的大气温度下启动时，转速 n 为 100～150 r/min；涡流式、预燃室和球型燃烧室柴油机的启动转速为 100～250 r/min。

② 机油消耗量。

机油消耗量可以反映气缸活塞组的磨损情况，从而在一定程度上表明内燃机的技术状况。机油消耗量增加的主要原因是气缸活塞组活塞环磨损过大，机油窜入燃烧室被烧掉或排出。

③ 气缸压力。

对内燃机气缸压力（压缩终了时的压力）的检验，可判断气缸活塞、气门与气门座的漏气程度。

④ 曲轴箱压力。

曲轴箱压力可以反映气缸活塞组的技术状况。曲轴箱压力大，则说明气缸活塞组磨损严重，窜气严重。

⑤ 机油压力。

实践证明，轴承间隙每增加 0.01 mm，机油压力大致下降 10 kPa，因此可根据机油压力判断内燃机的轴承的磨损程度。

2. 确定出比较明确的检修项目

在保证内燃机修复竣工之后能恢复到新机的各种性能基础上，确定待修项目。

表 4-1 内燃机大修进厂检修单

进厂日期		进厂编号	
厂牌车型		牌照号码	
内燃机型号		内燃机号码	
送修单位		单位地址	
联系电话		送修人	
用户报修项目及 内燃机现状	此车驶入或拖入_____ 总行驶里程_____ km 已进行内燃机大修_____次 进厂前重要问题是_____ 此次要求_____		
内燃机重要问题及 重点维修部位			
内燃机外观及装备（完整"√"，缺少"△"，损坏"×"）			
检验项目	检验结果	检验项目	检验结果
空气滤清器		正时齿轮	
燃油滤清器		机油散热器及管道	
机油滤清器		加机油口盖	
化油器		水箱及水箱盖	
机油泵		水泵	
燃油泵		风扇电机	
气缸体、气缸盖		风扇皮带	
进、排气歧管		风扇叶	
启动机		排气管、消声器	
发电机		喷油泵	
火花塞		增压器	
分电器		油管、真空管	
高压线		机油尺	
电控系统		三效催化转换器	
点火线圈		喷油嘴	
传感器			
备注：			

进厂检验签字：   年　　月　　日

3. 估算修理工时及成本，确定更换的主要零部件

内燃机修理计划费用的测算法有定额法和技术测算法两种。

（1）定额法：即按企业规定的分类设备单位修理复杂系数平均修理费用定额，乘以修理设备的机械、电器、热力修理复杂系数，其乘积之和即为内燃机修理的计划费用。

（2）技术测算法：根据设备修理技术任务书规定的修理内容、修理工艺、质量标准、修前编制的换件明细表及材料等技术文件以及修理工期的要求，通过技术测算来确定内燃机修理计划费用。技术测算法又称预算法，其准确性高于定额法。

4. 确定修竣交机时间

根据维修各项项目所需工时、需配件的通用性和本企业的维修效率大致确定修竣交机时间。内燃机送修单位的注意事项如下：

① 随机附上有关技术资料进厂。

② 本机附件清单。

③ 与承修单位办理交接手续。

4.1.2 内燃机的外部清洗

在维修前搞好清洗是做好维修工作的重要一环。清洗方法和清洗质量对鉴定零件的准确性、维修质量、维修成本和使用寿命等均产生重要影响。内燃机拆卸前必须进行外部清洗，目的是除去机械设备外部积存的大量尘土、油污、泥沙等脏污，以便于拆卸和避免将尘土、油泥等脏污带入厂房内部。

外部清洗一般采用自来水冲洗，即用水流冲洗油污，并用刮刀、刷子等配合进行；也可用高压水冲刷，即采用 1～10 MPa 压力的高压水流进行冲刷。对于密度较大的厚层污物，可加入适量的化学清洗剂并提高喷射压力和水的温度进行冲洗。

1. 内燃机常用的外部清洗设备

（1）固定式外部清洗设备。

固定式内燃机外部清洗设备可设在室外也可设在室内的清洗间里，需清洗的内燃机被送到清洗台上，在清洗台的上下、左右设有喷水头，用以清洗内燃机各方向的部位，在清洗台的一侧设有离心泵，将水压升至 1.5～4 个大气压，送至各喷头。

（2）移动式外部清洗设备。

移动式外部清洗机由电动机通过弹性连轴节直接驱动离心泵进行工作，可将清水直接引入离心泵的进水口，喷水口与橡胶管连接，经水泵增压的冷水可达 10 个大气压左右；如用 80 ℃左右的清洗液，出水压力可达 15～20 个大气压。其喷嘴可以是一般喷水口，也可以用喷水枪。通过喷水枪的尾部可以调节水流成为剑形或扇形两种水流。剑形水流冲击力强，可以去掉内燃机上的干涸泥土；而扇形水流覆盖面大，可以去掉一般尘土。

2. 外部清洗的注意事项

① 各种电器设备的保护。

② 在冷机状态下进行。

③ 使用高压设备清洗时，一定要戴安全眼镜。

大型修理厂应采用固定式外部清洗设备，它不仅清洗效率高，而且由于水循环使用，经济好，但设备投资大，占地面积大。采用移动式外部清洗机，清洗质量好，设备投资少，耗水量较多，它适用于小型修理厂。

4.2　内燃机解体

内燃机经外部清洗后，进入拆卸工位，放出所有润滑油和冷却液，将内燃机拆成零件。拆卸的目的是为了进一步检查零部件是否符合技术要求，从而对已损坏的零件进行修理或更换。因此拆卸工作不仅量大，而且拆卸质量的好坏直接影响到修理质量与修理成本，是检修工作的重要环节。

4.2.1　内燃机拆卸的一般规律

1. 拆卸作业的组织方法

内燃机拆卸作业的组织方法有固定作业法和流水作业法。固定作业法是指拆卸工作始终在同一工作地点进行。流水作业法是指拆卸工作在流水线上进行，流水线可以分成若干工作地或在传送设备上进行。固定作业法适用于生产能力不大的修理厂，流水作业法适用于大型的修理厂。

2. 拆卸的工艺程序

拆卸时一般应先拆外部附件，然后按部件零件的顺序依次拆卸。

3. 拆卸的一般原则

① 拆卸前应熟悉被拆总成的结构。

② 核对装配记号和做好记号。

③ 合理使用拆卸工具和设备。

4. 连接件的拆卸

内燃机的拆卸，多数是连接件的拆卸，在拆卸过程中除遵守上述一般原则外，还应按操作规定的方法去做。

（1）静配合件的拆卸。

静配合件的拆卸指因为静配合件和轴承部件在内燃机的拆装中占有相当大的比重，同时这些零件在拆装过程中要求不破坏它们的配合性质及不碰伤其工作表面，所以要求其拆卸作业必须保证质量，应尽可能采用拉器和压力机等专用工具和设备。

静配合件的拆卸方法与配合的过盈量大小有关。当过盈量较小时，如曲轴正时齿轮尽量采用拉器进行拆卸，也可用硬木锤和铜锤轻轻敲击，将其拆下；当过盈量较大时，应用压力机进行拆卸。

在轴承拆卸过程中应受力均匀，压力的合力方向应与轴线方向重合。作用力应该作用在内座圈上，防止滚动体或滚道受负荷。

（2）螺纹连接件的拆卸。

对于多螺栓紧固的连接件的拆卸。首先应将各螺钉按规定次序松1~2扣，然后依次均匀拆卸，以免零件损坏和变形，防止最后集中到一个连接件上。

在拆卸螺纹连接件时，应尽量使用气动扳手，当前在生产中也有采用电动扳手的。但气动扳手结构简单，适应性强，使用安全。采用机械化工具，可以提高工作效率和降低劳动强度，这是拆装作业应普遍采用的工具。

（3）特殊螺纹连接件的拆卸。

对于双头螺栓可用偏心扳手进行拆卸。当拧手柄时，偏心轮将螺栓卡死，在继续扳动手柄时，便可将螺栓拆下。双头螺栓也可以用一对螺母，互相锁紧，然后用普通扳手把它连同螺栓一起拆卸下来。

（4）断头螺钉的拆卸。

当断头螺钉高于机体表面时，可将凸出的螺栓端锉成方形或焊上一螺帽将其拧出。

4.2.2　内燃机的拆卸顺序

内燃机的拆卸顺序，根据内燃机大小、型号的不同有所区别，但大同小异。下面以车用柴油机为例，说明内燃机的拆卸顺序。

（1）把柴油机右侧的启动电动机、机油滤清器、机油冷却器和排气管等附件拆下。

（2）将待修的柴油机吊运到翻转架上固定。

（3）拧松油底壳放油螺塞，放掉油底壳内剩余的机油。

（4）卸下气缸盖罩壳和空气滤清器。

（5）拆去回油管、出水管、喷油管和进气管等零部件。

（6）将摇臂、挺杆拆下，依次拧松气缸盖螺母，把气缸盖卸下。

（7）拆卸柴油管、柴油滤清器及喷油泵等部件。

（8）转动翻手架手柄，将柴油机翻转180°，依次拧松螺栓，拆下油壳（或下曲轴箱）。

（9）拆去机油泵，进油管和机油滤网等零件。

（10）转动翻转架手柄，将柴油机转动90°，打开侧门盖，拧松连杆螺钉，拆下各缸连杆大头盖。

（11）转动翻转架手柄，将柴油机转动90°，使缸套、活塞在向上位置，分别取出各缸活塞组。

（12）卸下传动皮带、充电发电机、风扇叶轮和皮带轮。

（13）拆去传动机械前盖板，然后拆去各传动齿轮，拉出凸轮轴。

（14）卸下飞轮及飞轮罩壳。

（15）转动翻转架手柄，将柴油机转动180°，使曲轴位于水平位置。拆去主轴承盖，把曲轴从上曲轴箱中吊出。若柴油机的机体是隧道式结构，即气缸体与上下曲轴铸成一体，则应将轴放在垂直位置，飞轮端向上，用吊运工具将曲轴吊出曲轴箱。

4.3　零件的清洗

内燃机总成拆散以后，应进行清洗零件表面的污垢、油污、积炭、水垢和锈蚀等。对于不同的污垢要采用不同方法清除，所以把零件清洗工作分为清除油污、清除积炭、清除水垢及清除锈蚀等。

4.3.1　清除油污

零件表面上的油污可以分为两种：一种是动、植物油脂，它与碱作用后便形成肥皂，很容易在水中溶解，从化学性质上称为可以皂化的，但这种油脂含量很少；一种是润滑油，它主要是矿物油，在碱液中是不可溶的，只能形成乳浊液，它是不可皂化的。

1. 碱溶液清洗

（1）碱溶液除油的作用原理。

碱溶液可以与矿物油形成乳浊液，乳浊液是由几种互不溶解的液体混合而成的。其中的一种液体是以微小的气泡形状悬浮于另一种液体中，如油泡在水中，其中由于碱离子活性很强，能时而形成泡状液，时而破裂，对零件表面的油污起着机械性的作用，降低了油层的表面张力。但是油对金属表面的附着力非常大。为达到能迅速除油的目的，往往还采用一些其他的相应措施。

乳化剂是一种活性物质。它能在每个油污质点外面形成一层乳化剂附层，这种乳化剂分子一端呈极性，另一端呈非极性，极性一端与水吸引，另一端与油吸引，从而降低了油和水的表面张力。使油形成油滴，在油滴外层形成乳化剂附层，通过乳化剂分子与水紧紧地吸附在一起，使不溶于水的油污也具有了溶于水的性质，阻止油污再凝聚，在液体中形成悬浮的乳状液，降低了油污与金属表面的结合能力。

清洗液的温度一般为 80 ~ 90 ℃。在溶液温度较高的条件下，油膜的黏度下降，形成许多小油滴；高温还可以加速溶液的流动，加速除油过程。

对清洗液的机械性搅拌可增加溶液的流动性，冲击油滴，从而加速油污从金属表面的分离过程，使零件表面不断与新鲜溶液接触，清除油污。

（2）常用清洗剂配方。

在清洗剂的组成中，苛性钠或苛性钾是碱性物质。它们对于有色金属都有很强的腐蚀作用，所以对于有色金属零件要用碳酸钠清洗。

常用的乳化剂有肥皂、硅酸钠和合成洗涤剂等。

磷酸三钠主要是起软化水的作用，它可以与硬水的钙镁盐反应生成不溶于水的沉淀物。它也具有一定的乳化作用。碱溶液为主的清洗剂配方很多，但均缺乏科学依据，上述各配方只能作为参考使用。

（3）零件清洗设备。

使用碱溶液的清洗设备一般是采用煮水池和清洗机两种。

① 煮水池。

这是一种最简单的清洗设备，煮零件的水池一般是用钢铁焊制而成。碱液的加热方法一般用蒸汽或煤火加热。零件清洗时，大型零件可以吊入，小零件可置于网栅栏中，便于清洗后提取。为了清除零件表面的有害液体，从碱水池中提取零件，必须用清水冲洗一遍，然后吹干。

② 清洗机。

根据清洗时零件的运动形式不同，分为旋转式和传送带式两种。

清洗过程：将被清洗零件盛入网状容器，用单轨吊车放在小车上，小车经过轨道，送入清洗室内旋转盘上，关闭进件门，按动自动线路控制开关，清洗过程开始。

结构特点：清洗机的工作过程，是由电气设备自动控制进行工作，如旋转盘的转动、回收器和电动机的工作都是利用线路中的继电器、触点、水银开关和气压开关等，通过电钮控制完成工作。

2. 有机溶剂除油

有机溶剂清洗零件的效果比较好，它可以除去零件表面的各种油污，常用的有机溶剂为汽油、煤油、柴油等。其优点是使用简便，但清洗成本高且易燃，一般用于较精密零件的清洗。

4.3.2 清除积炭

气缸盖、活塞顶、活塞环、气门头部及火花塞等零件表面，在内燃机工作中牢固地黏着一层积炭。积炭可以减少燃烧室的容积，并在燃烧过程中形成许多炽热点，易发生早燃现象，破坏内燃机的正常工作；此外，积炭还可以黏结活塞环，形成新的磨料，影响润滑作用。

积炭是燃料和润滑油在高温和氧的作用下形成的产物，在内燃机工作时，燃油和窜入燃烧室中的润滑油，其未燃烧部分，在氧和高温作用下，形成树脂状胶质黏附在零件表面上，又经过高温的作用，进一步缩聚成沥青质、油焦质和炭青质的复杂混合物，即为积炭。

积炭通常用化学方法和机械方法加以清除，或两者并用，如① 手工法清除积炭；② 化学方法清除积炭；③ 喷射法清除积炭。

4.3.3 清除水垢

内燃机冷却系统长期加未经软化处理的硬水，将使内燃机散热器内水套积存大量的水垢。通常水垢由碳酸钙、硫酸钙和硅酸盐组成。各种盐类的分量由水质来决定，水的硬度越大，含盐类分量越多，一般泉水和井水的硬度比河水大，必须软化后使用。冷却水的硬度应不大于 4.28～5 mg/L。

由于冷却系统内的水分蒸发，硬水中的盐类浓缩逐渐增加，达到饱和状态时，它们就从水中析出，并沉淀在水套、散热器等内表面。这种沉淀层就是水垢。水垢沉积过多，会减少冷却系统中水的容量，阻碍冷却水循环，降低散热作用，使内燃机出现过热现象。

水垢多数是采用酸洗法或碱洗法来清除。通过酸和碱的作用使水垢由不溶解物质转化为可溶解物质。在选用酸和碱溶液时，要适应水垢的性质，最好经过化验确定。碳酸盐类水垢，用苛性钠溶液和盐酸溶液都可以清除。

对散热器的清洗，可在 2%～3%苛性钠溶液中浸放 8～10 h，然后用热水冲洗几次，洗净散热器内残余的碱质，由于碱对铜管及焊缝具有强烈的腐蚀作用，因此近年来多用酸洗法。同时酸洗比碱洗效率高。

对于铸铁气缸体和气缸盖，可采用 8%～10%的盐酸溶液，添加缓蚀剂六亚甲基四胺 2～3 g。将气缸盖装于气缸体上，从气缸盖出水管（拆除节温器）注入清洗溶液（封闭进水口），然后将缸体放入水槽中加热，一般加热温度保持在 60～70 ℃，浸洗 1 h，用盐酸溶液处理后，需用清水按冷却系统逆冷却水流方向冲掉脏物，再用 2%～3%的苛性钠溶液注入水套内，中和残留在水套内的酸液，最后以清水冲洗，直至污水排尽。

酸溶液比碱溶液清洗效率高。为减少腐蚀而又不消减盐酸清除水垢的作用，常在酸液中添加一定分量的缓蚀剂。缓蚀剂的作用主要是基于吸附原理：它吸附在金属表面上形成防止金属继续溶解的薄膜，从而减少盐酸对金属的腐蚀；另外，由于它不能吸附在氧化的金属表面上，也可以对铁锈溶解，起到清除铁锈的作用。

缓蚀剂在盐酸溶液中，易受高温作用而破坏其分子，降低缓蚀剂的保护作用，因此添加缓蚀剂的盐酸溶液，其加热温度一般不超过 60～80 ℃。

清除水垢的零件，可放入洗槽内清洗，更有效的办法是用耐酸碱的液泵，将清洗液按与冷却水循环方向相反的方向循环冲洗。

热的酸溶液与水垢作用时产生飞溅，并排出有害气体，操作人员操作时应注意。

4.4　零件的检验分类

零件的检验分类是大修工艺过程中的一项重要工序，它将直接影响到修理质量和修理成本。零件通过检验，可分为可用的、待修的和报废的三类。

可用的零件是指其尺寸和形状位置误差均符合大修技术标准，可以继续使用。待修的和报废的零件是指不符合大修技术的零件。如果零件已无法修复和修复成本不符合经济要求时，这种零件就可报废；如果通过修理，能使零件符合大修技术标准，保证使用寿命，经济上也合算，这种零件就可作为待修的零件。

零件检验工作必须严格按照修理技术标准，正确区分可用的、待修的和报废的零件，在保证修理质量和较好的经济效益的前提下进行综合考虑。有修理价值的零件，又具有修理设备条件的，应力求修复使用；如果零件修复不能达到修理质量要求或修理成本过高就不宜修理，应予以报废。

4.4.1　零件检验分类技术标准的制定

检验分类技术条件的内容一般包括：① 零件的尺寸、材料、热处理和硬度等；② 缺陷的特征；③零件可能产生的缺陷和检验方法；④零件的极限磨损尺寸和容许变形的数值；⑤零件的报废条件；⑥零件的修理方法。

在上述技术条件中，零件允许磨损尺寸和容许变形数值最为重要，零件允许磨损尺寸是指零件在达到该数值以前，无需进行修理，至少还可以继续使用一个大修周期。

在检验分类过程中，对于变质的材料以及断裂的零件，一般用外部检视或探伤的方法就可以判断；而对于磨损或变形的零件，则应检验其磨损和变形是否超过许可程度，根据标准和实际条件确定零件的可用、需修和报废。

零件的工作表面主要是磨损，它改变了零件的配合间隙，在超过一定极限后，将影响机器的正常工作，所以确定零件的允许磨损尺寸和极限磨损尺寸，是确定零件是否可以继续使用的主要依据，也是决定修理周期的依据。

零件工作表面磨损的是不可避免的。实际上，零件在装合后开始工作就发生的磨损，到零件失去工作能力是一个很长的过程，它可以用零件磨损特性曲线表示。

零件极限磨损、允许磨损、允许变形的确定通常采用下述方法进行。

1. 零件检验分类技术条件的制定

零件检验分类技术条件的制定通常采用经验统计法、试验研究法和数学计算法 3 种方法。实践证明，它们往往是互相补充并经过反复验证才能正确制定一项可靠的技术条件。

（1）经验统计法。

经验统计法是根据长期使用和修理内燃机所积累的经验和统计资料确定出各种零件极限磨损、允许磨损和允许变形的数值。目前执行的内燃机修理技术标准中有许多技术要求的数值就是这样确定的。

在进行数据统计时，应记录内燃机的工作条件、使用中发生的故障和进行修理的主要项目等。为防止偶然性，应有许多总成同时进行检测，然后对统计资料进行整理、分类和分析，通过统计法找出其损坏的规律性，确定零件的允许磨损和极限磨损。这种方法是以实践为基础，通过在实际使用和修理中积累的统计资料来制定技术标准的，其实际使用可靠性大。但确定技术标准时，花费的时间太长，有时得到的数据数值相差太远，这还要求根据使用条件和它的磨损规律进行科学分析，才能确定其允许磨损和极限磨损尺寸。

（2）试验研究法。

试验研究法是通过在实验室中进行试验，或是通过运行实验进行实际测量而获得数据。通过试验和测量，制取零件的磨损特性曲线。然后根据此曲线分析零件的使用期限与修理周期的关系，从而确定零件的允许磨损和极限磨损尺寸。

内燃机各种零件由于工作条件、材料性质和加工工艺的不同，其使用寿命与大修周期存在 3 种不同的关系，即零件的使用期限等于、大于或小于大修周期。

对于零件使用期限等于大修周期的配合件，在大修时必须进行修理，其修理尺寸公差，应在新件公差范围内，即大修时应按原厂标准恢复配合件的名义间隙，只有这样才能保证配合件使用一个大修周期。对于零件使用期限大于修理周期的配合件，可以稍许降低修理尺寸，只是必须保证工作一个大修周期。对于零件的使用期限小于修理周期的配合件，这种情况应根据零件使用期限的长短分别在保养或小修中更换或修理。如果零件使用期限接近大修周期，则应努力提高零件质量，改善润滑条件，使其达到大修周期。

（3）计算分析法。

由于零件的工作条件极为复杂，影响磨损的因素很多，现有的计算方法有些尚不能完全反映实际情况。通过下述计算，求出动配合副流体摩擦工作面之间的理论油膜厚度，并考虑工作面的微观不平度和承受载荷条件，进行分析和试验，求得动配合副的极限磨损间隙 S，然后根据此间隙和两配合零件本身耐磨条件分别确定各零件的极限磨损尺寸。

下述数学公式是根据流体力学的润滑理论，给出各变量的函数关系，对于采用统计方法和试验方法制度检验分类技术标准以及机械加工中的技术要求等都有指导意义。

滑动轴承形成理想液体摩擦的关系式为

$$S = \frac{n\eta d^2}{18.36Kph}$$
$$K = \frac{l+d}{l}$$

（4-1）

式中　S ——轴与轴承间隙，mm；

　　　n ——轴的转速，r/min；

　　　η ——润滑油黏度，Ns/m^2；

　　　l ——轴承长度，mm；

　　　d ——轴的直径，mm；

　　　p ——轴承压力，N/m^2；

　　　K ——轴承载荷修正系数；

　　　h ——油膜厚度，mm。

从上述公式中可以得出，当轴与轴承磨损后，间隙不断增大，油膜厚度随着减小。当油膜厚度小于轴和轴承表面微观凸起高度之和时，便会产生表面凸起点金属的相互接触，使零件磨损迅速增加，若继续使用将产生破坏性磨损，此时间隙为最小间隙。

相应油膜厚度 $h=\delta_{轴}+\delta_{孔}$，极限间隙为 $S_{最小}$。

$$S_{最大} = \frac{S_0^2}{4\delta}$$

（4-2）

式中　S_0 ——配合件的平均名义间隙，mm；

　　　δ ——轴和孔磨合后的不平度总值，mm。

2. 零件修理技术标准确定的原则

（1）内燃机修理是恢复内燃机原有的使用性能，并保证一定的使用期限且在经济上是合理的。从这一点出发制定零件修理技术标准，原则上应考虑如下几点：

①零件按规定的技术标准修理后，应使该机构和总成达到原有的技术性能。

②应考虑零件经修复后，在大修期间内其技术性能的变化，如磨损率及变形等，应保证修复后的零件的使用期限。

③应考虑修理厂的修理设备和工艺水平。

④零件的修理成本要经济合理。

（2）在制定零件修理标准时，必须从修理企业的具体情况出发，进行细致分析，使制定的零件修理方案在技术上和经济上获得最佳方案。可以从下面几个问题中分别考虑。

① 按恢复总成机构的使用性能确定零件的修理技术标准。

总成机构是由许多零件组成的。零件经使用后，发生磨损与变形，使总成机构的性能下降，达不到原有的技术性能。零件按编制的修理技术标准恢复后，应达到原有技术标准的要求和性能，同时还应注意到与其相关的零件修理技术标准的变化。

内燃机是由缸体、缸盖、曲轴、连杆、活塞等许多零件所组成的。这些零件的修理技术标准要综合影响装合误差和压缩比变化，从而影响内燃机发出的功率及燃料的经济性。因此在制定这些零件的修理技术标准时，必须分析这些零件的尺寸变化对内燃机压缩比的影响。

② 按送修零件的技术状况，分析确定零件的修理技术标准。

由于使用条件不同，送修零件的损伤情况也不同，有时差异很大。这就要求对需要修理的零件进行大量的统计分析，以确定该零件的修理技术标准。

具体方法是选择一批原始状态和使用情况基本相同的同类零件，按规定的尺寸部位，测定该零件在使用后有关尺寸的变化，并列表记录。以可以测得的零件磨损量值为横坐标，以占有该磨损值的零件数量的百分数为纵坐标，绘制该零件的磨损值分布直方图。

在该批零件中具有代表性的磨损值，应该是在该分布率中概率为最大的可能值，在数理统计中称为众数。若所得的分布率属正态，则按数理统计法则。此时的众数必与分布率中的平均值重合，因此可以取统计的平均值作为确定零件修理技术标准的一项依据。

在测定出多数零件的技术状况变化值以后，按照该批零件已使用的时间数，得出单位时间磨损量，即可初步确定保证该零件具有规定使用里程的修理技术标准。

③ 按修理加工工艺水平分析确定零件的修理技术标准。

零件的修理加工工艺和不同的加工方法影响到零件的加工精度和尺寸公差带的分布，这将引起装配尺寸链的波动，影响总成的修理质量。因此修理厂在制定零件的修理技术标准时，不能完全比照制造厂的制造技术标准，而应根据当前我国内燃机修理业的修理加工水平来制定。如果该零件的修理标准影响该总成的结构性能，则应对该零件的修理加工工艺和装备提出特殊要求。

④ 按零件的修理成本分析确定零件的修理技术标准。

从零件的修理成本出发，制定零件修理技术标准是必须进行的一项工作，这是从技术经济观点评定零件修理的合理性。零件的修理成本应小于或等于新零件的成本乘以该零件的耐用性系数。

零件的修理成本包括对该零件进行修理的一切费用，如材料、加工工时和加工设备折旧等。如制定的零件修理技术标准严格，修理费用提高，使用寿命延长。所以用单位运行时间的成本表示，更便于比较不同修理方法的经济性。

对于修理规范较大或修理工艺装备较完善的工厂，制定零件修理技术标准的合理性，还应以投资的年经济效果进行考核。

4.4.2　零件形状和位置误差的检测

内燃机各总成的基础件和主要零件在使用中产生不同程度的变形，它破坏了零件的相互装配关系，甚至使内燃机和总成的性能变坏，降低了内燃机的动力性，增加了燃料消耗，缩短了内燃机的使用寿命。

在修理技术标准中形位误差占的比例比较大，其中以圆跳动、平面度、圆柱度、平行度和垂直度等使用最多，是零件修理中形位误差检测的主要内容。根据总成和基础件的功能要求，在技术上可行、经济上合理的前提下，对其提出了相应的形状和位置公差的要求，这对于修理质量有重要的影响。

形位误差的检测，首先要选择检测基准。基准是理想基准要素的简称，用以确定被测要素的方位。测量基准应尽可能选用设计基准和加工基准，最好使三者的基准统一，这样可以提高测量的精度。如气缸体七项位置公差的要求，都是以气缸体两端曲轴轴承孔轴线为基准的，所以在加工过程中，无论以哪一部位作为定位基准，都必须注意到加工基准与此基准的关系。检测时，则必须以此轴线作为测量基准。

任选基准则比定位基准要求还高。以某个要素作为测量基准，测量合格后，还应以另一要素作为测量基准进行测量，只有当两个结果都符合技术标准要求时才算合格。

零件形位误差的检测要受到许多因素的影响。为了使检测结果与被测零件误差的真值足够接近，检测工作必须遵循一些共同的条件和要求。检测时，要把零件的表面状态、粗糙度、擦伤等外部缺陷排除掉。测量截面的选取、测量点的数目及布置方法根据零件的结构特征、功能要求和加工工艺等因素来决定，要根据测量精度要求来选择检测方案。

总之，零件的形位误差是内燃机修理技术检验中一项重要的基础标准，它关系到内燃机的修理质量和使用寿命。

1. 轴线直线度误差的检测

轴线直线度是指轴线中心要素的形状误差。在检测时，直线度大小只与轴线本身的形状有关，而与测量时的支承位置无关。符合轴线直线度定义的测量方法是相当复杂的，在实际检测中，轴线的直线度误差常用简单的径向圆跳动来代替，这样获得的检测数值是近似的，在一般的生产中已能满足技术要求的精确度。

轴颈表面的径向圆跳动是位置误差，是指在轴的同一横截面上被测表面到基准轴线的半径变化量，它是对关联要素而言的，其径向圆跳动量的大小与基准的选取有关，因轴的支承方式和位置的不同而变化。对于同一被测零件来说，径向圆跳动误差的数值是轴线直线度误差的两倍甚至更大。所以在测量方法上，轴线的直线度误差可以用测径向圆跳动来代替。

直线度的检测多用于等直轴或孔上，特别是用在工作时易于产生弯曲变形和可以校直的轴类上。

当轴发生弯曲变形时，其轴线的直线度发生了变化。在实际修理生产中通常用近似的方法进行轴线直线度误差的检测。如凸轮轴轴线直线度误差的检测，将凸轮轴安装好，调整轴两端与水平面等高。然后测出各轴颈截面上下两素线指示器读数，并计算各测点读数差值的一半，这些数值中的最大与最小的差值，即为该轴截面中心线的直线度误差。按照上述方法测出不同方向素线的直线度误差，取其最大值，作为凸轮轴轴线的直线度误差。利用这种测量方法，旋转轴线与实际轴线偏移时，测量结果不受影响。但其方法复杂，耗时太多，生产上不易采用这种方法。修理企业经常使用的一种检测方法是测径向圆跳动法。对于精度要求不高或作为校正弯曲的检测比较实用，操作也较简单。

首先检查和校正中心孔的位置，使两端中心线位于同一水平高度，检测时，转动轴并在轴向的不同位置进行测量，记下最大径向圆跳动的部位与数值，则最大圆跳动数值即可作为其轴线直线度误差，以其作为校正的依据。

对于直径较小的轴与孔类，检测其直线度时，采用实效边界法比较方便。当被测要素的尺寸、形状和位置误差给定以后，它们的综合作用就形成一种极限状态，称为实效状态。这种状态确定的理想状态的边界称为实效边界。这种方法不直接测出被测轴线直线度误差的具体数值，只确定是否超出了给定的公差范围。由于这种检测方法没有读数过程，故检测效率很高。

实效边界所具有的尺寸，称为实效尺寸。实效尺寸等于被测要素的最大实体尺寸与形位公差的代数和，即实效尺寸=最大实体尺寸+形位尺寸=允许的最大作用尺寸（轴类），所以在给定尺寸和形位公差之后，实效尺寸就是一个定值。

在装配过程中，其装配间隙取决于它们的作用尺寸。当达到允许的最大作用尺寸时，装配间隙最小。如此时仍能进行装配，当偏离最大实体状态时，装配间隙相应增大。显然，在这种条件下，只要最大作用尺寸不超过实效尺寸，就不会影响装配。所以最大实体原则是基于生产中的方便提出的。

2. 同轴度误差的检测

同轴度是指被测轴线对基准轴线的误差。它是指两个轴线之间的位置关系，在数值上等于被测轴线偏离基准轴线最大距离的两倍。同轴度包括被测轴线的形状误差，同时也包括了其位置误差。对于同一根轴，当选择的基准不同时，同轴度误差会有很大变化。所以检测同轴度时，首先要选择好基准。同轴度的检测多用于阶梯轴和阶梯孔之类，其误差的产生是由加工时轴线的偏离或工作时的偏离造成的，同轴度是属于位置公称中的定位误差。它是用来控制被测轴线与基准轴线的同轴度的。同轴度的公差带是以公差值为直径，且位于与基准轴线同轴的圆柱体内。

同轴度误差的检测，经常用径向圆跳动法来代替，且把最大径向圆跳动数值直接作为同轴度误差使用。这是由于在圆度误差比较小时，径向圆跳动与同轴度误差值相近似。

3. 圆跳动的检测

圆跳动是位置公差，它包括径向圆跳动和端面圆跳动等。

在检测圆柱面的跳动量时，基准轴线自身还有同轴度误差，所以实际测得的径向圆跳动，也必然反映出同轴度误差，因而跳动是这些形状和位置误差综合反映的结果。

被测表面对基准轴线径向圆跳动的检测方法，使用 V 形支承，置于平台上进行检测。用这种方法检测的结果，要受到 V 形架角度和基准的实际要素形状误差的影响。但是一般轴类表面的径向圆跳动用这种方法检测的结果都能满足技术标准的要求，而且这种方法简单实用。

4. 平面度的检测

零件的平面度表示一个平面不平的程度，是零件表面的形状误差，其表面误差的状况要影响到零件配合的位置精度和密封效果。所以对于零件的配合平面和工作平面都有平面度公差的要求。

对于一个平面的形状误差来说，平面度和给定平面内的直线度有一定的关系，直线度误差表示被测直线方向的垂直平面内的形状误差；而平面度误差是指被测平面在其垂直的任意方向的给定平面内的形状误差。也可以认为，平面度误差是被测平面内各个方向的最大直线度误差。当然，从定义上和数值上两者又不是完全相同的。给定平面的直线度公差带是两条平行直线；而平面度公差带是两个平行的平面。也可以用各个方向的直线度误差的检测代替平面度误差的检测，但这样测得的误差值往往偏小。

下面介绍在内燃机修理企业中经常使用的平面度误差的测量方法。

（1）刀形样板尺测量法。

这是修理企业检验气缸体和气缸盖平面时常用的检测方法。检测时不应用过大的刀形样板尺，否则将增大误差数值，提高技术要求。对于整个范围内的平面度误差，测量时可利用长度等于或略大于被测气缸体平面全长的刀形样板尺，用厚薄规或估读法确定其间隙值。取其最大值可作为该平面的平面度误差，且不应超出 0.20 mm。

利用这种方法检测平面时，对于中凹平面，接触部位在两端，可以形成稳定接触；对于中凸平面，接触部位在中间，会形成不稳定接触，检测时，应将两端间隙调成等值后进行测量，否则测量误差将过大。

利用刀形样板尺法检测平面度误差的数值，不一定符合最小条件，它是一个近似值。但由于设备简单，测量方便，在生产中是比较实用的方法。其明显的缺点是得不到准确的读数。

（2）利用"工"字平尺和百分表检测。

利用"工"字平尺的上、下平面为测量基准平面。百分表通过表座平放在工字尺上平面与工字尺的侧面密切配合。

检测时，保持表座基准面与平尺平面密切贴合并滑动。百分表的测头在被测面上移动。其最大跳动量为被测方向的平面度误差。变换不同的方向测得的平面度误差，取其最大值，作为整个平面的平面度误差。

利用被测平面各个方向的直线度误差代替其平面的平面度误差，只是对于被测表面是实心的气缸体、气缸盖平面是合理的，而对于变速器壳体类空心的上平面，利用这种检测方法就不合适了。通常是将变速器壳扣放在检验平板上，当呈稳定接触时，用厚薄规进行测量，其最大间隙即为表面的平面度；如不是稳定接触时，最大间隙与该部位摆动时的间隙变动量的半值之差即为其平面度误差。这种方法简单易行。

5. 圆度和圆柱度的检测

圆度公差主要用于气缸的形状公差，它是指加工后在垂直于轴线的任意正截面上的实际轮廓必须位于半径差为公差值的两个同心圆之间。圆度与椭圆度比较，无论从概念上、数值上和测量方法上都不相同。

圆柱度是指实际圆柱面必须位于半径差为公差值的两同轴圆柱面之间；而不柱度是指在同一轴向剖面内最大和最小直径之差。并用各轴剖面中最大差值作为被测圆柱面的不柱度误差值，但其测量是在直径方向进行的，不能反映轴线的直线度和横截面的圆度误差情况。而圆柱度能对圆柱面纵横截面各种轮廓误差进行综合反映。圆柱度是一个空间概念，圆柱度值为整个圆柱表面各点到理想轴线的最大与最小距离之差。但由于这一理想轴线是未知的，难以进行检测。目前还没有一种符合定义又便于修理生产的检测方法。

下面介绍在修理生产中有效的测量方法。

（1）圆度的检测。

圆度公差是在同一横截面上实际圆对理想圆所允许的最大变动量。

圆度误差常用两点法进行测量。在修理生产中经常以垂直和水平两方向最大直径差值的一半作为圆度误差值。实践证明两点法的检测结果完全可以满足生产的要求。

为便于生产中的检测，又把圆度误差定为原标准中椭圆度值的一半。这样规定使测量方法简单、实用，又不降低技术标准要求。

（2）圆柱度的检测。

圆柱度公差是实际圆柱面对理想柱面所允许的最大变动量。圆柱度误差用两点法测量，其值为指示器读数差值的一半。修理生产中常用两点法测量轴类和孔类零件，并允许用不同方位的最大与最小直径差。如气缸圆柱度误差仍用原来的百分表测量，将原测量的圆柱度差值减半，再与新标准进行比较。

在一般情况下，所有圆柱度误差值都大于原圆柱度误差值的一半。所以用不柱度公差值的一半作为圆柱度公差值标准是提高了对圆柱表面的精度要求。但是用两点法检测圆柱度误差时，不能包括轴线的直线度误差，目前只作为代用方法使用。

6. 平行度与垂直度的检测

平行度与垂直度都属于位置公差，其误差是相对于基准要素而言的。用来确定被测要素方位的要素称为基准要素，通常称为基准。

平行度和垂直度误差的检测是在基准要素和实际被测要素之间进行的，其中基准是确定实际被测要素公差带方位的根据。实际上测量位置误差时，常常是采用模拟法来体现基准。如以平板工作表面模拟基准平面，以心轴轴线模拟基准轴线。

平行度误差可以分为平面对平面、直线对平面、平面对直线和直线对直线的平行度误差4种。不同的平行度要求不同的检测基准，基准不同，其检测方法也不相同。因此，在平行度误差的检测中，确定基准的工作很重要。作为基准使用的实际要素应排除其形状误差的影响，按最小条件确定测量标准。

测量时，一般不排除被测要素形状误差的影响。这主要是考虑到形状误差对于位置误差来说一般较小，可以忽略。排除形状误差比较困难，在位置误差中包括了被测要素的形状误差，亦即提高了对零件的精度要求。

（1）平行度的检测。

在内燃机的零件中，轴线间的平行度公差使用较多，其中气缸体等零件上的各轴承孔轴线之间都是用平行度公差来标注的。

（2）垂直度的检测。

垂直度也属于位置公差中的定向公差，它是控制被测要素相对于基准要素的方向成 90°的要求。测量是在被测零件的两个要素之间进行的。

如车用发动机气缸轴线对曲轴轴承孔轴线垂直度误差的检测，在修理技术标准中规定：气缸轴线对曲轴轴承孔轴线的垂直度误差应不大于 100：0.03，全长上不大于 0.05 mm。

4.4.3 零件磨损的检验

内燃机零件因工作磨损使尺寸和几何形状发生变化，当磨损超出一定的限度而继续使用时，将引起机器性能显著变坏。在修理过程中，应严格按照修理技术标准进行检验和确定其技术状况。对于不同类型的零件因磨损部位不同，其检验方法和要求也不同，可将零件磨损分为轴类、孔类、齿轮形状及其他部位的磨损。

1. 轴类零件磨损的检验

对于轴类零件主要是检验其轴颈工作表面的磨损，测量其圆度和圆柱度。轴颈直径尺寸一般用外径分厘卡尺、游标卡尺或卡规进行测量。

测量轴颈的圆度是在垂直于轴颈轴线的同一截面上测量两相互垂直直径的最大差值。轴颈的圆柱度是在垂直于轴颈轴线的两个截面任一方面的两个直径的最大差值。

在轴颈的一端或两端有承受推力的台肩端面，如曲轴的连杆轴颈，检验时应检测轴颈的长度和圆角圆弧半径等。

对机型单一、生产规模大的修理厂，可采用卡规等界限量规来测定轴颈的磨损量，这样可以提高工作效率。

2. 孔的检验

随着零件工作条件的不同，孔的检验项目也不同，如内燃机气缸不仅在圆周上磨损不均匀，而且沿长度方向上磨损也不均匀，所以要检验其圆度和圆柱度。

测量孔采用的工具有游标卡尺、内径分厘卡尺及塞规。量缸表除测量气缸外，也可用来测定各种中等尺寸的孔。

3. 齿形部位的检验

齿轮的外齿和内齿、花键轴和花键孔的键齿，都可视为齿形部位。齿形部位的主要损伤有沿齿厚方向和齿长度方向的磨损、齿面渗碳层的剥落、轮齿表面的擦伤和点蚀、个别轮齿的折断等。对于上述损伤的检验可以直接观察损伤的情况。一般齿面的点蚀和剥落的面积不应超过 25%，齿厚的磨损主要以装合间隙不应超过大修允许标准，一般不超过约 0.5 mm 为限，有明显阶梯形磨损时，不能继续使用。

4. 其他磨损零件的检验

对于滚动轴承，首先要进行外表的检验，仔细观察内外座圈滚道和滚子表面，其表面均应光洁平滑，无烧蚀和疲劳点蚀，无裂纹和孔穴，不应有退火颜色，隔离环不应有断裂和损坏部位。

对于螺栓、螺柱及螺母，为保证螺纹连接件的强度，螺栓或螺柱拧入铸铁零件的深度不应小于螺栓、螺柱直径的 1.5 倍，拧入钢零件的深度不应小于 0.8 ~ 1.0 倍。对于连杆螺栓等重要的连接件，螺纹损坏一扣也应更换，一般螺纹损坏不应超过两扣。

4.4.4 零件隐伤的检验

在内燃机修理过程中，对于重要零件需要检验它的隐蔽损伤，如疲劳裂纹，若不及时发现，有可能引起零件断裂，造成严重的事故。

检验零件隐伤的方法有磁力探伤、荧光探伤及气雾剂探伤法等。对于水冷式气缸体、气缸盖等铸造零件常用水压试验方法发现裂纹。对于一些轴类零件表面的隐蔽裂纹也可用浸油敲击法发现裂纹。

1. 磁力探伤

磁力探伤具有设备简单、测量准确、迅速等优点，在修理企业中被广泛采用。

磁力探伤的原理是当磁力线通过被检验的零件时，零件被磁化。如果零件表面有裂纹，在裂纹部位的磁力线就会因裂纹不导磁而被中断，使磁力线偏散而形成磁极。此时，在零件表面撒以磁性铁粉或铁粉液，铁粉便被磁化并吸附在裂纹处，从而显现出裂纹的部位和大小。当裂纹方向与磁场方向平行时，裂纹切断磁力线的数目少，裂纹的两边不会发生磁极，不能吸附铁粉。所以利用磁力探伤时，必须使裂纹垂直于磁场方向。因此在检验时，要估计裂纹可能产生的位置和方向，而采用不同的磁化方法：横向裂纹要使零件纵向磁化；纵向裂纹要使零件横向磁化。

纵向磁化是将被检验的零件置于马蹄形电磁铁的两极之间，当线圈绕组通入电流时，电磁铁产生磁通，经过零件形成封闭的磁路，在零件内产生平行零件轴线的纵向磁场，这样便可以发现横向裂纹。

横向磁化的原理是电流直接通过零件，则零件圆周表面产生环形磁力线，当裂纹平行于零件轴线方向时，便可形成磁极，吸附磁性铁粉，从而可以发现隐伤所在部位。

对于这两种磁化方向都成一定角度的裂纹，最好采用联合磁化法。即将纵向磁化和横向磁化装置同时作用于检验的零件上。

磁化电流可以采用直流或交流，主要采用低压高强度电流，这样可以获得强力的磁场，而不致发生触电事故。

交流磁力探伤应用较多。因为它只需降压变压器，设备简单。但是它有集肤效应，只能检验表面或接近表面的裂纹，适用于检验疲劳裂纹。

在联合磁化时，应该一个是交流，一个是直流。这样将产生方向变化的联合磁场，有利于发现不同方向的裂纹。

零件磁化检验的方式有两种：一种是利用剩磁检验，对于剩磁感应强度大于 600 mT（毫特斯拉）的结构钢，是在磁化后，将电源关闭，利用其剩磁作用进行检验；另一种是在电源磁场下检验，对于剩磁感应强度小的材料，则在磁化时进行检验。

电流的大小，对于探伤的结果有重要的影响。电流过大，磁粉聚集太多，将难于鉴别真实的缺陷；电流过小又不可能显露出缺陷。

对于外形不规则的零件，磁化时，磁力线极不均匀。所以在检查曲轴的纵向裂纹时，需用强大的电流作环形磁化；而在检验横向裂纹时，需要分段作纵向磁化。

零件经磁化检验后，会多少留下一部分剩磁，因此必须进行退磁。否则，零件在使用时会吸引铁屑，造成磨料磨损。最简单的退磁方法是将零件从交流的磁场中慢慢地退出，或直接向零件通以交流电并逐渐减小电流强度到零为止。但是采用交流电退磁时，仅在零件表面有效。因此，对于用直流电磁化的零件最好仍用直流电退磁。向零件通以直流电退磁时，应不断改变磁场的极性，同时将电流逐渐减小到零。

磁力探伤采用的铁粉，可用氧化铁粉。铁粉可以干用，但配成氧化铁悬浮液更灵敏，即在一升的变压器油或低黏度的柴油或煤油中加入 20～30 g 的氧化铁粉。

2. 荧光探伤

荧光探伤是利用紫外线的照射使荧光物质发光的原理来显现零件表面缺陷的一种探伤方法。荧光物质的分子，可以吸收和放出光能。当其在紫外线照射时，每个分子都吸收一定的光能。如果分子所吸收的光能较正常情况时多，则分子可以放出一定的光能，以恢复到它的平衡状态，这就是可以见到的荧光。在裂纹处的荧光物质可以发出明亮的光。因此可以很容易地发现裂纹。

为了检验零件表面的缺陷，在零件表面涂上一层渗透性好的荧光乳化液，它能渗透到最细的裂纹中去，经过一段时间以后，将零件表面的荧光溶液洗去，但缺陷内仍保留有荧光液，在紫外线的照射下发光，从而可以确定缺陷的位置、形状和大小。

荧光探伤的检验程序如下：

① 探伤前要除去零件表面的油污、锈斑，在水温 20～40 ℃ 的温度下清洗烘干，水分蒸发后便于渗透。

② 渗透处理时，小零件可以浸入荧光液中 10～20 min，大零件可用毛刷涂敷，然后待渗透液流尽。

③ 用水冲洗时，通常水压为 1.5 个大气压，水温为 20～40 ℃，然后进行低温烘干，85 ℃ 以下经 1～2 min 烘干；

④ 显像处理时，在零件表面涂一层氧化镁显像粉，它有良好的吸收性能，从而可将浸入裂纹中的渗透剂吸附出来，并扩散一定的宽度对裂纹有放大作用。粉末覆盖 10～15 min 后用空气吹掉多余的粉末。

4.4.5　平衡的检测

对于高速旋转的零件如曲轴、飞轮等在装配前应进行平衡试验，检查其静平衡与动平衡。零件不平衡将给零件本身和轴承造成附加载荷，使其在工作中发生振动，从而加速零件的磨损与损伤。所以零件和组合件在进行总装前要进行平衡试验，以提高修理质量和延长总成的使用寿命。

零件或组合件的平衡分为静平衡与动平衡两种。产生不平衡的原因有零件的尺寸不精确；制造质量不均匀；由于装配中的误差，使零件的旋转中心或轴线发生偏移。如零件的静不平衡是由于零件的重心离开了零件的旋转轴线造成的；长轴零件弯曲，质量沿长度分布不均匀，从而引起动不平衡。

1. 静不平衡

零件的静不平衡状态如图 4-1 所示。O—O 线是圆盘的旋转轴线，圆盘的重心在 B 点。重心与旋转轴线的距离为 r。假如把圆盘按图中所示的方式放在轴承上，它是不能随时静止的（除重心在 B' 位置可以静止）。由于力矩 $Q \cdot r$ 的作用随时都有自行转动的趋势，称这种现象为静不平衡状态。

当静不平衡零件旋转时，由于物体的重心离开它的旋转轴线，因而产生离心力。离心力 F 的大小可按下式计算：

$$F = \frac{Q}{g} r\omega^2 = \frac{Q}{g} r(\frac{n\pi}{30})^2 \tag{4-3}$$

式中　Q ——旋转圆盘的重力；

　　　r ——重心 B 距旋转中心的偏移量；

　　　n ——圆盘的转速，r/min；

　　　ω ——圆盘的角速度。

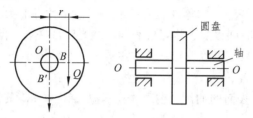

图 4-1　零件的静不平衡示意图

即离心力 F 的大小与转速 n 的平方成正比。因此零件高速旋转时，离心力是很危险的。

零件的静平衡的检验是在一个专门的检验台架上进行的。图 4-2 为平衡台式静平衡检验架，在检验前，应先调节调整螺钉 4，使支架 2 的棱形导轨 1 处于水平位置，并调整好宽度，然后将装在被检验零件上的心轴平置在两导轨上。如心轴滚动一两圈，且始终停止在一个静止点，则对应于心轴的最下方是重心位置的方向，表示这一零件具有静不平衡性。

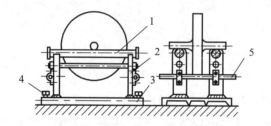

图 4-2　平衡台式静平衡检验台架

1—棱形导轨；2—支架；3—支座；4—调整螺钉；5—牵制杆

一般消除静不平衡质量的方法有在不平衡质量相对称的一边附加一质量；另一种方法是在平衡质量一侧去掉一部分金属。

2. 动不平衡

经过静平衡检验的零件，还可能是动不平衡的。如处于静平衡状态下的旋转运动零件，可能产生动不平衡。图 4-3 为两曲拐在同一平面内的曲轴，两曲拐的重心在 S_1 和 S_2 点，距离曲轴轴线距离为 r_1 和 r_2，而且都相等。因此整个轴的重心一定位于旋转轴线上，这样的轴放在静平衡台架上检查，一定是平衡的。但是当旋转时，由于离心力 F_1 和 F_2 组成一力偶，其力偶臂为 L。这个力偶将使该曲轴轴承承受附加负荷。在曲轴设计时，应设法利用配重等方法消除这个力偶，获得一定动平衡；这样在工作时已经不存在扭弯曲轴的力偶了。

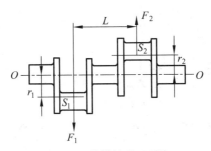

图 4-3 曲轴的动不平衡

如零件是动平衡的，那么它也一定是静平衡的。反之，零件是静平衡的，还可能是动不平衡的。

当动不平衡零件旋转时，由于零件沿长度方向上的质量不均匀而产生的离心力，就是动不平衡零件旋转时所产生的附加力。由于这个附加力的作用，不仅会减弱零件的强度，而且会使轴承负荷增加引起振动。内燃机上的曲轴等高速的运动零件，在修理时，都应该进行动平衡检验。

3. 零件的平衡

下面介绍两种主要零件在修理中取得平衡的方法。

（1）曲轴。

曲轴一般都有平衡重，有的发动机曲轴的平衡重与发动机曲轴制成一体，有的发动机曲轴平衡重则用螺栓紧固在曲轴上，进行平衡时，可在曲轴平衡重或轴臂上用钻孔或铣面的方法取得平衡。在修理和拆装内燃机时，不要随便拆下曲轴的平衡重。

（2）飞轮。

内燃机飞轮一般都进行静平衡。当进行平衡时，可在飞轮平面上或圆柱面上钻孔以取得平衡。

4.5 内燃机的装配

内燃机的装配是把已修好的零件（或新件）、组合件和辅助总成，按一定的工艺顺序和技术要求装配成一台完整的内燃机。内燃机的装合质量，对内燃机的修理质量有重要影响。所以要求在装配过程中对各种零件和组合件进行一次最后的检验。

4.5.1 内燃机装配的要求

① 准备装配的零部件、总成都要经过检验或试验，必须保证质量合格。

② 装配前要认真清洗零件、工具、工作台，特别是气缸体的润滑油路，需彻底清洗，而后要用压缩空气吹干。

③ 准备好全部螺母、螺栓。对于所用气缸垫及其余全部衬垫、开口销、保险垫片、金属锁线、垫圈在大修时应全部更新。

④ 不可互换的机件如气缸体与飞轮壳、各活塞连杆组、各轴承与瓦垫、进排气门等应对好位置和记号，不得错乱安装。

⑤ 内燃机上重要螺栓、螺母，如连杆螺栓、主轴承盖螺栓、气缸盖螺栓必须按规定扭矩依次拧紧。气缸盖螺栓、螺母的拧紧，必须从气缸盖中央起，按顺序彼此交叉，逐渐向外，分次进行，最后一次的拧紧力矩应符合技术规定。

⑥ 关键部位的重要间隙必须符合标准规定。如活塞与缸壁间隙，轴与轴承间隙，曲轴、凸轮轴的轴向间隙，气门间隙等。

⑦ 各相对运动零件的工作表面，装配时应涂以清洁的润滑油，以保证零件开始运动时的润滑，如轴承与轴颈、活塞环与气缸壁间的间隙。

⑧ 保证各密封部位的密封性，不应有漏水、漏油和漏气现象。

内燃机的装配是一项非常重要的工作，必须严格按照工艺规程的技术要求进行。

4.5.2 内燃机装配的程序

内燃机的装配以提高工作效率、保证装配质量和减轻工人劳动强度为主要出发点，考虑采用专用工具和机械化设施，从而保证装配质量和降低修理成本，延长内燃机的使用寿命。内燃机的装配工艺程序与内燃机结构有关，一般柴油机的装配流程图如图 4-4 所示。

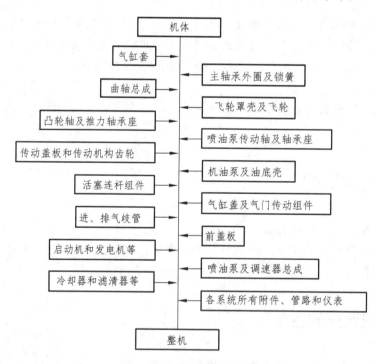

图 4-4　柴油机装配流程图

一般内燃机的装配程序及注意事项如下：

1. 安装曲轴和轴瓦

将气缸体倒放在工作台上或装合架上，并对气缸的清洁进行一次检查。如止推垫圈在第一道主轴颈上，安装曲轴之前，先将正时齿轮及止推垫圈装于轴颈上，并注意止推垫圈的工作面背向。

检查和安装各道轴瓦片，并在轴承上涂以机油，将曲轴擦拭清洁后抬上，放置好轴承垫片，但对于某些发动机，如东风 Q6100 型发动机的主轴承盖和座孔之间不需加垫片，其轴颈与轴瓦的配合是由座孔和轴瓦的精加工来保证的。将各主轴承按记号装好，按规定扭力均匀地由中间向两端拧紧，然后每紧固一道轴承转动一下曲轴，有阻滞现象可以及时找出原因，加以排除。待全部轴承上紧后，借助撬杠转动曲轴的趋势，用手转动曲柄臂，这时曲轴应转动轻松，特别是对于东风 Q6100 型发动机曲轴，因其配合间隙较大为 0.07～0.11 mm，所以转时应更觉得轻松。

安装轴瓦时，应注意上、下片不要装错，以免油孔堵塞，轴瓦产生变形。待全部轴瓦装好后，再复查一下轴向间隙。

装油封时应注意其松紧度适中，防止过紧或过松，注意周围各向的接触不应发生偏心。如油封过紧则轴颈发生磨损，摩擦损耗功率大；过松则会漏油。皮质油封应事先浸泡好，以保证装配后的密封性能。

2. 安装凸轮轴

安装凸轮轴之前先将正时齿轮、隔圈、止推突缘装配在凸轮轴上。

安装凸轮轴时，应将各道轴承涂上机油。凸轮轴正时齿轮与曲轴正时齿轮进入啮合时，应对正记号。然后拧紧凸轮轴止推突缘的固定螺钉。

内燃机凸轮轴止推突缘与隔圈的厚度差，是限制凸轮轴轴向移动的间隙，应符合技术要求，如东风 Q6100 型发动机轴向间隙为 0.08～0.208 mm，最大使用限度为 0.30 mm。

在安装凸轮轴时，应检查正时齿轮的啮合间隙，检查时用厚薄规在齿轮圆周方向相隔 120°的三点进行测量。其间隙值一般为 0.04～0.30 mm，使用限度为 0.40 mm，相隔 120°的三点齿隙相差应不超过 0.10 mm。

3. 安装活塞连杆组

活塞连杆组的装合质量，对内燃机的修理质量有着重要影响。活塞连杆组在装配时，应重点检查活塞在气缸中的歪斜量，它可以综合地反映出活塞连杆装合的质量。

（1）检查活塞是否偏缸。

将没有装活塞环的活塞连杆组装入气缸，并按规定扭矩拧紧各道螺栓。

首先检查连杆小头与活塞座端之间的距离不应小于 1 mm，如果小于 1 mm，多为气缸中心线偏移所致。然后转动曲轴，检查活塞在上下止点和中间位置时，用厚薄规测量活塞顶在气缸前后两方向的间隙，其间隙差不应大于 0.1 mm，否则应查偏缸原因，予以排除。

（2）偏缸的主要原因。

① 连杆弯曲等原因引起的偏缸。

如活塞在气缸内运动时，活塞始终偏向一个方向。这是由连杆弯曲、活塞销座、衬套铰偏、曲轴轴向位移和气缸铰偏等原因引起的。偏缸不严重时，一般采用压校连杆的方法进行校正。

② 连杆扭曲及类似原因引起的偏缸。

连杆无扭曲故障时，无论连杆运动到任何位置，活塞销中心线都平行于曲轴中心线，所以活塞不会发生偏缸。若连杆发生扭曲时，活塞在上下止点位置时，不发生偏缸；当连杆发生扭曲或连杆轴颈和主轴颈不平行时，这时活塞处于上下止点的中间位置，偏缸最大。发现连杆扭曲造成活塞偏缸时，可将连杆从曲轴上拆下，置于连杆校正器上复查扭曲的方向，并进行校正，至无偏缸现象为止。

（3）活塞环的安装。

在安装活塞环时，应注意各道环切槽的位置和方向，不同型号的内燃机要按不同的技术要求组装。首先要检查活塞环的端隙、侧隙和背隙是否符合规定。如有镀铬环，应装在第一环槽内。

安装活塞环时要注意环的切槽方向。活塞环的内边缘切槽的一面应向上，装在第一环槽内；活塞环的外边缘切槽的一面应向下，装在第二、三道环槽内。对于东风 EQ140 型发动机各道气环都是内边缘切槽，安装时都应面朝上。

活塞环安装好后应彻底清洗，并在环槽内和活塞销上涂以薄薄一层机油。活塞环端口位置是一、二道，三、四道活塞环之间相隔 180°角；而二、三道活塞环之间相隔 90°角；第一道活塞环端口位置应与活塞销座方向成 45°角，防止活塞环端口的重叠。

（4）将活塞连杆组装入气缸。

将活塞连杆组装入气缸，应注意活塞的安装方向，通常在活塞和连杆上都标明安装方向。无记号时，气门倒置式内燃机的连杆大头喷油孔应朝向配气机构一侧；活塞膨胀槽应在膨胀行程受侧向力小的一侧。活塞方向对好以后，用活塞环箍紧活塞，再用手锤木柄将活塞推入，使连杆大头落入连杆轴颈上。然后按规定扭力拧紧螺母，调整开口销孔，便于穿入连杆销钉。

每装好一道活塞连杆后，应转动曲轴，如其阻力显著增加，应查明原因，排除后再继续安装。检查轴瓦的松紧度，可用手锤轻轻敲击轴承盖，能观察到它有轻微的移动，转动曲轴时略有阻力为合适。

4. 安装配气机构零件并调整气门间隙

（1）气门组零件的安装。

将挺杆涂以机油，放入挺杆导孔内，然后将挺杆架装在气缸体上。挺杆架中间固定螺栓的旋紧力矩为 70～80 N·m。两端的固定螺栓的旋紧力矩为 50～60 N·m。然后安装气门弹簧及弹簧座。如是不等螺距弹簧应将螺距小的一端朝向气门座。再将气门杆涂以机油，按原次序插入气门导管，用弹簧钳压紧气门弹簧，装入锁销或锁片。

对于顶置式气门，先装好气缸盖后再装挺杆和推杆，然后进行摇臂轴总成的组装。按顺序在摇臂轴上装上摇臂、摇臂支座、摇臂定位弹簧等全部零件，注意各零件的安装位置，不要错乱。最后装上片形弹簧、摇臂轴垫圈和钢丝圈，转动摇臂轴使其定位孔对准摇臂轴中间支座中部定位孔，旋入摇臂轴定位紧固螺钉。

调整气门间隙。气门与挺杆（或摇臂）之间，应留有一定间隙，以适应气门机构各零件的热膨胀量并保证气门关闭严密。调整气门间隙时，对一般四缸和六缸内燃机，均可用两次摇转曲轴，分两次调整的方法。根据内燃机工作顺序及气门的开闭规律进行调整。其具体方法如下：

转动曲轴，使飞轮上的正时记号正好对准飞轮壳检查孔的正时刻线。此时 1、6 缸活塞位于上止点。查看气门升降情况，当第 3 缸进气挺杆、第 2 缸排气挺杆，同时升至约最高位置时，说明第 1 缸为做功行程始点。可调整 1、3、5 缸的排气门和 1、2、4 缸的进气门。

摇转曲轴 360°，这时第 4 缸进气挺杆和第 5 缸排气挺杆同时升至最高，6 缸为做功行程始点，可调整 2、4、6 缸的排气门和 3、5、6 缸的进气门。

（2）配气相位的检查。

在修理过程中可能造成配气相位角发生变化。

① 磨修凸轮时，凸轮之间的夹角或凸轮轴键槽之间的夹角产生偏差。

② 磨修曲轴时，曲柄臂之间的夹角、曲柄与曲轴正时齿轮键槽的夹角产生偏差。

③ 正时齿轮磨损或新正时齿轮键槽与正时齿轮标志相对位置偏差。

④ 装配时，曲轴与凸轮轴的轴向位移，影响正时齿轮的轴向位置。

上述误差的积累结果，使配气相位角发生变化。所以在配气机构装配和调整好以后，应检查配气相位角。如解放 CA10B 型发动机，在检查配气相位时，先找出各气门控制点相对应的曲轴转角与标准配气相位角进行比较，判断配气相位角是否正确。检验时，摇转曲轴使气门离气门座 0.20 mm，即控制点位置，查看相应气门的曲轴转角是多少，再与标准控制点转角进行比较；进气门开启在上止点前 4°30′，进气门关闭在下止点后 53°30′；排气门开启在下止点前 57°30′，排气门关闭在上止点后 6°30′，以确定配气相位角的变化。

如配气相位角的变化超出标准要求时，可以进行调整。一般是以检查所得数据，取多数的偏差值中较一致的数值作为调节的依据。

5. 安装气缸盖

在气缸盖装配时，注意气缸衬垫要均匀地展开，且对于铸铁气缸盖光滑的一面朝气缸体，对于铸铝气缸盖，气缸垫卷边的一面朝向气缸体。这样可以防止基体平面的损坏。装上气缸盖和缸盖螺栓，紧固时要从中间向两端按规定的顺序分次均匀地扭紧。

6. 安装分电器传动轴及分电器

安装分电器传动轴时，应使第 1 缸活塞在压缩行程上止点位置。分电器传动轴装入后，轴端槽口应与曲轴轴线平行，为了保证按缸点火位置装配，缸点火高压线插入分电器的左下方，应使轴端槽口两面之一的宽面朝下。

分电器的传动轴外壳切口应朝上，分电器装入后应装上固定螺栓和螺母，先将螺栓拧到底再退回少许，最后用固定螺母紧固。

安装分电器时，先调整好触点间隙在 0.34 ~ 0.45 mm，插入分电器，旋松分电器外壳的固定螺栓，按分火头转向相反的方向转动分电器外壳，直到使触点张开时为止，再将外壳固定螺栓拧紧。

7. 安装定时齿轮组及喷油泵

各组定时齿轮安装时，应按记号装配，以保证正确的配气相位及供油时间。安装记号一种是打在齿轮和定时齿轮壳体上；另一种是全部记号打在齿轮上。安装时必须对准所有记号。

在内燃机上安装喷油泵，必须先在试验台上调整、检验，技术性能符合要求才能安装。安装喷油泵时应保证初步喷油时，因为在内燃机冷磨后，开始热磨时还要进行检查和调整。

8. 安装飞轮壳

先将飞轮安装在曲轴上（有的内燃机先装飞轮壳更为方便）。注意检查飞轮端面对曲轴中心线的垂直度及端面跳动量，它对离合器的正常工作有很大影响。安装飞轮时，应按标准扭矩拧紧并穿好开口销。在安装飞轮壳之前，应将主油道堵头的油堵螺钉拧紧。

9. 安装进、排气歧管

清除管内的积炭和污物，用压缩空气吹净。将螺柱旋紧在气缸体上，放上衬垫，注意衬垫一般是将卷边的一面贴向气缸体套在螺柱上，然后装上进、排气歧管，放上平垫圈，旋紧螺母，并注意紧固次序。

10. 内燃机附件的安装

内燃机附件包括机油粗滤器、机油细滤器、机油管、曲轴箱通风管、水管、发电机启动机等。

上述介绍的内燃机装配工艺顺序是常见汽车发动机的基本装配过程。对于汽油机、柴油机和顶置气门式、侧置气门式都应根据它的结构特点采用最合理的装配工艺过程。

4.6 内燃机的磨合与试验

内燃机装配后，要进行磨合与试验。磨合的目的是以最小的磨损量和最短的磨合时间，自然建立起适合于工作条件要求的配合表面，防止破坏性磨损。在磨合过程中，还可以检验内燃机修理和装配的质量，以延长内燃机的使用寿命。

内燃机的主要零件如气缸套与活塞环、曲轴与轴承都具有较高的精度和较低的粗糙度，但是零件表面仍留有微观的不平和加工痕迹，表面形状和相互位置也必然有误差。因此，实际接触面只发生在局部，单位面积上的压力将很大。如果直接投入有负荷使用，表面接触点在巨大的载荷作用下，产生剧烈的磨损，有些接触点会发生黏着磨损，使整个工作表面产生高温，导致零件表面烧伤或拉缸等。

内燃机的磨合就是使主要运动零件的摩擦表面，在一定的润滑条件下，先在低转速、无负荷条件下运转，然后逐渐提高转速与负荷，直到额定转速为止。在磨合过程中，最初先接触的表面凸峰，在开始压力不太大、相对速度和负荷逐渐增加的条件下，使零件表面的凸峰逐渐磨平，接触面积和承载能力增大，从而可以提高转速和负荷，直到能承受满负荷为止。在磨合过程中，选择合适的润滑剂可以加速磨合的过程和提高磨合质量。

4.6.1 磨合的功用

磨合是使两摩擦表面在开始工作时进行一次受控性的磨损，使两摩擦表面相互适应，以得到最好的承载关系。在这样的配合表面下工作时，其摩擦损失的机械功应最小。磨合好以后的内燃机性能应最佳，燃料、润滑油的消耗最少，其磨损速度最低。

1. 磨合初期的零件表面状态

经过机械加工或新零件的工作表面易产生这样的缺陷。

① 表面的微观粗糙度。

它是由于在加工过程中产生的不规则的微观几何缺陷。

② 表面波纹。

零件表面波纹的产生是由于加工中机床振动、零件变形及热处理的变形和内应力的原因。

③ 形状位置误差。

它是在加工过程中产生的宏观几何偏差，它的产生是由机床自身的精度、刀具的几何形状缺陷、机械应力和热应力产生的大幅度的变形引起的。如轴线的同心度、平面的垂直度、气缸的圆度和圆柱度等。这些形状位置误差造成另外摩擦表面的相互干涉和互不相容。这也是造成内燃机的密封性差的主要原因。

2. 磨合过程与要求

由上述分析可知，摩擦运动的零件表面有 3 种形式的误差，它们将使摩擦表面面积大大减小，其减小程序除 3 种形式的误差所决定以外，还主要与工作表面的负荷有关。所以实际接触面积只是名义表面的 $10^{-3} \sim 10^{-4}$，要增大实际接触面积应分两个阶段进行磨合。

第一阶段：早期磨合是微观几何磨合阶段。这时接触的尖点逐渐被磨掉，接触面积逐渐增加。在这一阶段内，容易出现微观熔焊现象，若内燃机这时承受大负荷是非常危险的。为了缩短这一磨合的时间和提高磨合质量应选用黏度较小的润滑油，它可以使摩擦表面及时进行清洗，带走磨屑和进行冷却作用。防止过度磨合和烧伤事故，加速磨合过程，提高磨合质量。

第二阶段：此期磨合主要是宏观几何磨合阶段，主要是通过磨合修正宏观几何形状误差和波度。在这一阶段中要磨合掉大量的金属屑，因此这一过程需要相当长的时间。磨合终了时的标准要求是当承载表面积达到最大时，磨合工作就完成了，即标志宏观几何形状磨合结束。这时的摩擦工作表面在工作负荷条件下，其磨损速度应是最小。宏观几何形状误差在磨合中得到修正以后，在活塞环运动区域内获得最好的密封性，从而使燃料润滑油的消耗最低，漏气量最少，从而获得最大的热效率。

微观几何形状的磨合，关系到摩擦表面的改善情况，磨合良好可使摩擦损失急剧降低，因而可以提高机械效率，减少黏着和烧伤的危险，并使磨损速率降低而稳定。通常是用内燃机的一系列工作特性曲线来评价磨合阶段进行的情况。

4.6.2　影响磨合的因素

通过大量的试验确定了影响磨合的主要因素有零件的表面粗糙度、采用的工艺措施、零件的表面性质及采用的润滑剂。

1. 零件的表面粗糙度

对磨合质量的好坏起重要作用的是零件表面的原始粗糙度。如零件表面是经过精加工形成的很光滑的表面，它对于磨合是极为不利的。此时表面磨合时根本不发生磨损，而且磨合时间特别长，或者可能发生黏着。所以表面要有一定的原始粗糙度，但是表面波度和其他形状误差幅度应小于表面粗糙度幅度，通常认为表面粗糙度的最佳值是形状误差值的 2 倍，如表面粗糙度为 0.5 ~ 1.25 μm 时，波度值应小于 0.5 μm。

当零件表面的粗糙度足够大时，其微观表面的凸点较脆弱，所以很快就被磨掉。然后产生的磨粒就成了第二磨合阶段中的磨料。此外，较低的原始粗糙度的另外一个优点是可使磨合后的表面成为有迂回痕迹的表面，有助于保持油膜，从而改善润滑。

通过实践知道，铸铁的活塞环与铸铁的气缸表面，如其原始粗糙度在 1 ~ 1.5 μm 时，其磨合的效果比表面原始粗糙度为 0.1 ~ 0.2 μm 时更好，其磨合时间短且润滑油消耗少。如采用表面进行光滑镀铬的第一压缩环，气缸表面进行抛光，这时由于镀铬环有很高的抗磨蚀能力，它们之间的适油性很差，其磨合速度很慢，且润滑油消耗大。一般用磨合得到的网纹状表面最为合适。

2. 工艺措施

活塞环由于存在侧隙，所以在往复运动中要发生倾斜。如环的断面是矩形，在压缩行程期间其上棱边会强力地压在缸壁上，不能有效地刮下润滑油，所以内燃机在磨合和使用期间的润滑油的消耗量大。锥面环或扭曲环可以迅速地磨合，使以后的磨合期缩短，润滑油消耗最少。

3. 零件表面的质量

磨合是一种包括磨损在内的机械加工的延续过程，它与内燃机正常运行时的磨损是不同的，所以内燃机再设计和制造时采取了许多措施加速这一磨合过程。常用多孔镀铬代替光滑镀铬，这样既改善了磨合过程，又延长了活塞环的使用寿命。

为了改善活塞环的磨合过程，减小黏着作用，应对活塞环的表面进行处理。磷化处理就是其中主要方法中的一种，在活塞环的表面形成磷酸铁、磷酸镍、磷酸锰的涂层，其厚度为 2 ~ 5 μm，是多孔性的，很适于表面的要求。一般铸铁环可进行磷化处理。

也可以在活塞环表面采用涂层。涂层由很细的一种磨料粉与黏结剂混合而成。这种涂层不同于固体润滑剂，约 25 μm 厚，其作用仅限于磨合初期的几分钟内，可以加速磨合过程，提高磨合的表面质量。

4. 润滑剂

磨合时采用的润滑油，对摩擦表面的质量和内燃机的使用寿命都有重要的影响。一般在磨合时都采用低黏度的润滑油。低黏度的润滑油导热性好，可以降低摩擦零件表面的工作温度和避免由于工作温度过高而使油膜破坏。黏度低的润滑油流动性好，加强了摩擦零件表面的冷却作用和清洗作用。在润滑油破坏时，又很容易恢复和补充，也易于充分到间隙小的部位。但润滑油黏度也不能过低，否则不易形成可靠的润滑油膜，使金属直接接触。

目前，内燃机磨合时常用的润滑油是 2 号或 3 号锭子油，6 号或 10 号车用机油中加入 15% ~ 20%的煤油或轻柴油。它们基本可以满足上述要求的润滑油性能。

采用什么样的润滑油还取决于内燃机的形式。如汽油机磨合时，可用纯矿物油或混合油磨合，因为这些润滑中含有脂肪族化合物，磨合时润滑油耗量少；而柴油机的磨合采用净化油的效果好，如采用纯矿物油磨合，在柴油机的高温和燃烧副产物的作用下会使机油迅速变质，造成环槽积炭和环粘住，给柴油机的磨合带来困难和危害。采用纯净化机油可以防止氧化作用，但其成本太高。所以当前在磨合中经常采用带有添加剂的润滑油。极限压力添加剂，如硫、氯和含磷的添加剂，它们显著的性能是抗黏着能力高。如在润滑油中加入 0.8% ~ 1%的硫，对于改善磨合质量、缩短磨合时间有显著的效果。其主要是因为润滑油中的硫分子活性大，它渗入摩擦表面的微观裂缝中，形成较松软的组织，使金属表面强度降低，加速了表面的磨合；其次是由于微观凸起部位，由于摩擦时的高温使硫与金属发生化学作用形成 FeS 和 FeS_2 等硫化物。这些硫化物的塑性较金属大，这就易使微观表面凸起发生变形或被磨掉，从而可以缩短磨合时间。

此外，零件表面形成的硫化物对于润滑油膜的吸附作用，比金属对润滑油膜的吸附作用大。因此润滑油膜破坏的可能性小，减少了摩擦，避免了划痕与擦伤，这就使磨合的过程中产生的金属屑数量少。但是加入硫的润滑油对于轴承合金中的一些成分有腐蚀作用，它也不能与碱性添加剂共同使用。

另一种添加剂是负荷承载能力添加剂，如石墨、二氧化钼之类的固体物质。这样的物质可以在装配时作为涂料涂在零件的摩擦表面上，或作为机油中的悬浮体，可以防止微凸体的熔焊现象，但不能促进磨合过程。

4.6.3　内燃机磨合及试验规范的选择

内燃机的磨合及试验规范是磨合时内燃机的负荷大小、转速高低和各阶段的磨合时间。这一磨合规范的选择是否合适将影响内燃机的修理质量和使用寿命。它的主要特点：① 磨合过程中零件磨损量为最小；② 磨合时间少，燃料、润滑油消耗少；③ 零件的使用寿命长；④ 内燃机动力性和经济性好。

1. 磨合规范

（1）磨合时的负荷。

磨合时的负荷应该是从无到有、从小到大逐渐增加的，这样可以避免由于负荷不当发生过度磨损，从而使零件表面逐渐得到改善。所以磨合过程分为无负荷的冷磨合、有压缩的冷磨合、无负荷的热磨合和有负荷的热磨合等几个阶段。

（2）磨合时的转速。

在一定的负荷条件下，增加磨合转速，即增加了摩擦表面的滑动速度。摩擦时的发热量提高，微观表面的冲击力提高，增加了表面间的微观黏着磨损，可以提高磨合速度。过高的转速甚至发生剧烈的磨损。所以在磨合过程中转速的选择，开始时转速很低，随着表面被磨平，再逐渐提高转速。

（3）磨合时间。

在一定负荷和转速条件下内燃机磨合一定时间后，零件的磨损速度变缓慢，则表示已达到正常磨损阶段，这时如继续磨合就不能在短时间内达到磨合的目的，这就要求增加负荷和提高转速，在另一级磨合条件下工作。最后达到在接近额定转速条件下工作，而磨损速度稳定。

2. 冷磨合过程

内燃机的冷磨合开始时，顶置式气门内燃机不装火花塞或喷油器；侧置式气门不装气缸盖，将内燃机装在磨合架上，加足润滑油，用可以改变转速和负荷的拖磨装置连起来。

冷磨合是对关键的配合表面进行磨合的过程。如气缸与活塞环、曲轴颈与轴承等，经过冷磨合以后要求零件表面光滑平整，在一定的负荷下不致发生黏着损伤。

影响冷磨合的重要因素是开始磨合的转速。开始转速主要应当保证主要摩擦表面的润滑条件。通过大量的使用资料证明汽车发动机冷磨合的开始转速以 60 r/min 为宜，这时它可以保证主要摩擦表面工作时供给可靠的润滑油。然后在此基础上逐步增加第一级的发动机磨合转速，一般每一级转速为 100～200 r/min 递增。

磨合规范初步确定以后，应通过试验最后确定。常用的方法是制取各个规范的磨损曲线来确定。按各级磨合规范进行工作，制取其磨损曲线。在磨合中每经过一定时间取一定数量的润滑油分析其中含有铁的数量，绘制其磨损曲线，即可选定一个最佳磨合方案，如图 4-5 所示。

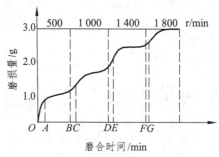

图 4-5　内燃机冷磨合曲线

通过图 4-5 所示的一组磨合曲线可以确定冷磨合时间。其冷磨合的转速为 n_1、n_2、n_3、n_4，从各个转速的磨合曲线可以看到开始时磨损速度快，如图中为 OA、BC 等；而后磨合速度趋于平稳，即表示如在该转速条件下继续磨合，其磨合作用已减少或不起作用。所以其磨合时间为 OA、BC、DE、FG 之和，这样可以节省工时和消耗。

在冷磨合阶段，摩擦表面完成了承受载荷的准备。冷磨合时间一般在 2 h 以上。

冷磨合以后应放出全部润滑油，加入清洗油，再转动 5 min，使各零件表面和润滑油道进行一次彻底清洗，放出清洗油。必要时也可以拆下其主要零件进行检验。

3. 热磨合过程

（1）无负荷的热磨合。

热磨合在内燃机冷磨合后，装上内燃机全部附件，开始时先进行无负荷的热磨。它是在冷磨合的基础上进行的，所以热磨合的开始转速选为 1 000～1 200 r/min，对原零件表面提高了工作温度和增加了少量负荷，这一阶段的目的除进一步磨合外，主要是进行内燃机油路、电路的调整，检查和排除内燃机的故障。磨合过程中应注意各部分摩擦件的发热情况，观察油温、水温的变化，观察内燃机有无异常运转和声响。

（2）额定负荷的热磨合。

经过无负荷热磨合后，可以增加载荷为额定负荷的 10%～15%（一般可以通过水力测功机器加负荷），并测定发动机的功率、油耗。每次可以 200 r/min 或 5 PS（3.6 kW）递增测试 5 个点，绘制功率和油耗曲线，并与标准状态下的曲线进行对比，确定内燃机在较大负荷条件下的工作时间。

内燃机经冷磨合、无负荷热磨合和有负荷热磨合 3 个阶段的磨合曲线如图 4-6 所示。从曲线图中可知，内燃机的无负荷热磨合速度很低，对于磨合作用不太大。所以从磨合的作用来说可以取消无负荷热磨合，在实际工作中主要利用这一阶段检查内燃机的运转情况和消除故障，为有负荷的热磨合做好准备；内燃机的有负荷热磨合，可以使内燃机在一定负荷条件下磨合，还可以检查内燃机修理中的故障，因为有些故障在无负荷条件下是难以被发现的，最后还可以测定内燃机修理后的性能。

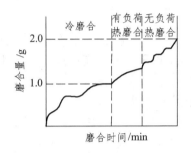

图 4-6　内燃机磨合曲线

4.6.4　内燃机的验收

内燃机经过磨合后，即可进行竣工验收，它应符合国家的技术标准规定，并按要求进行。修理竣工的内燃机，必须保证动力性能良好、怠速运转稳定、燃料消耗经济、附件工作正常。

① 不得有漏水、漏油、漏气、漏电现象。

② 气缸压力不得低于该内燃机规定数值，各缸压力差应不超过标准。

③ 各种转速的机油压力应满足要求。

④ 启动应迅速可靠。

⑤ 各种转速应运转均匀，不允许有断火或过热现象。

⑥ 内燃机排放限值应符合国家标准。

⑦ 在正常温度下，不允许有活塞敲缸声音或塞销、连杆轴承、曲轴轴承、曲轴主轴承等有异响。

⑧ 验收合格后的内燃机为汽车发动机时，在复紧气缸盖螺栓、螺母后，汽油机应安装限速片，柴油机应调整限速装置，因为出厂后还要继续进行 1 千公里左右的磨合，然后拆掉限速装置。其他内燃机也有类似要求。

内燃机的验收，除重新检查缺陷是否完全被消除外，还应该检查附件的齐备情况，并逐项填写验收单。合格后通知用户，办理交接手续。

5 内燃机主要部件或系统的修理

5.1 气缸体和气缸套的维修

5.1.1 气缸体

气缸体常见的损伤有变形、裂纹、破碎、螺孔滑扣、水道口腐蚀破坏和配合表面磨损等。在这些损伤中,气缸体的变形应予以重视。当变形量一旦超过容许极限,若不及时修理和更换,将会严重影响发动机的维修质量。因为变形破坏了缸体各孔间和配合表面的形位公差,致使组合件发生异响,出现不正常的磨损。

1. 气缸体的外观检查

(1)检查气缸体外部,应无任何裂纹和损伤。若发现有导致漏水、漏油、漏气损伤时必须予以修理或更换。

(2)检查气缸体与气缸套接触的密封环带处有无穴蚀、腐蚀,如果腐蚀表面无法清除或表面已变形,应更换缸体。

2. 气缸体的检查和修整

气缸体经外部检查合格后,还应进行各部位测量。

(1)测量气缸体的高度。

① 从主轴承盖的结合面至气缸体的顶平面的距离为气缸体的高度 h_1,如图 5-1 所示。

② 气缸体的高度从主轴承处测量(见图 5-1)h_2,可从气缸体主轴承座孔的最高点测量,其值应符合表 5-1 的内容。

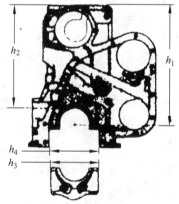

图 5-1 气缸体高度的测量

h_1—从主轴承中心线量起的机体高度;h_2—从对中杆量起的机体高度;

h_3—主轴承盖加工平面宽度;h_4—机体主轴平面高度

表 5-1　从主轴承座孔测量时气缸高度

机型	尺寸/mm		
	最小	最大	磨损极限
NH/NT855	422.35	422.45	422.12

缸体顶平面与轴承孔中心线的不平行度（在机体全长上）：NH/NT855 型柴油机不得大于 0.05 mm，气缸体顶面不平度应在 0.10 mm 之内。

（2）气缸体上平面的修整。

① 气缸体上平面可用磨削的方法磨平，磨削的最大厚度为 0.254 mm。

② 修整时也可采用铣床或大型平面磨床进行，气缸体应以主轴承座下平面定位，而不能以油底壳接合面定位。

③ 若用磨床时，应从气缸体上平面卸下定位销，对气缸体进行磨削，每次磨削量应为 0.03 ~ 0.08 mm。

气缸体经修整后应重新检查各部尺寸，并应符合上述要求。

3. 气缸体各部轴承孔、缸套座孔及有关零件的检查和修理

（1）凸轮轴衬套。

凸轮轴衬套的检查和修理方法如下：

① 检查凸轮轴衬套表面露铜情况，如果露铜范围沿着衬套孔圆周大于 120°时，就必须更换衬套。

② 用内径千分卡尺或内径千分表测量凸轮轴衬套的内径，如果磨损超过使用限度，应更换凸轮轴衬套。

③ 如果衬套已在缸体座孔中转动，应检查凸轮轴衬套孔的大小，超过规定时应修理座孔或更换衬套。在维修时，当有两个凸轮轴衬套之一损坏时，必须同时更换两个凸轮轴衬套；如果发动机某排缸的一个衬套必须更换时，建议将该排缸的全部衬套均予以更换。

凸轮轴衬套的更换方法如下：

① 在更换凸轮轴衬套时，应使用专用的拆装工具。

② 在更换凸轮轴衬套时，应将凸轮轴衬套与缸体之间的油孔对准。

③ 在 NH/NT855 型柴油机大凸轮机型上采用厚壁衬套时，应按要求装配，并将第 7 道衬套的缺口与机体的回油孔对准。如果衬套位置装错，将会损坏发动机。

（2）气缸套座孔。

气缸套座孔检查的部位如图 5-2 所示。检查前应清除污垢和锐边，以便所测得的数值准确，其检查的部位如图 5-2 所示。

① 检查气缸套座孔上部的内径：测量气缸套座孔上部的内径时，测量点的位置必须在离缸体顶平面 2.5 mm 的范围以内，气缸套座孔上部的内径不圆度在 0.025 mm 以内，超过范围应进行检查并确定能否对气缸体进行加工，以安装加大尺寸的气缸套。NH/NT855 型柴油机座孔上部的内径大于 166.71 mm 时，应予以修理。

② 检查气缸套座孔的深度：用深度尺在图 5-3（a）所示的 4 个地方测量座孔的深度。4 处测量的读数差不应超过 0.025 mm，如果测量值超过规定，就必须加工座孔肩台，安装调整垫片。也可以用千分表进行测量，如图 5-3（b）所示。

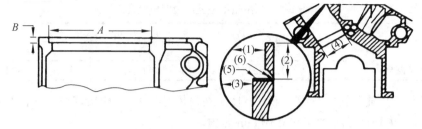

图 5-2　气缸套座孔检查的部位

（1）—上缸套座孔内径；（2）—缸套座孔深度；（3）—下缸套座孔内径；
（4）—密封圈安装孔；（5）—缸套座孔台肩；（6）—缸套座孔圆弧

③ 检查气缸套座孔下部内径：检查时将新气缸套不装密封圈装入气缸体座孔内，气缸套与气缸体之间应有 0.050 8 mm 的间隙，最大不超过 0.15 mm。测量气缸套座孔下部内径的不圆度必须在 0.025 mm 之内，如图 5-3（b）所示。

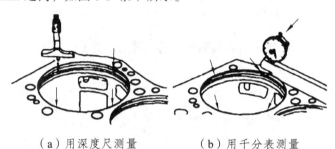

（a）用深度尺测量　　　　（b）用千分表测量

图 5-3　检查气缸套座孔的深度

④ 检查气缸座孔下部安装密封圈处内径：检查密封圈安装孔顶部的倒角是否损坏，是否有穴蚀，过多的穴蚀凹坑应修理。测量密封圈安装孔的内径如表 5-2 所示。

表 5-2　气缸体下部密封圈安装孔内径

机型	尺寸/mm	
	最小	最大
NH/NT855 型柴油机	155.55	155.60

⑤ 检查气缸套座孔台肩：检查气缸套座孔台肩的倾角如图 5-4 所示。如果量得的尺寸 A 和 B 相等，或者在靠近座孔台肩的边缘处量得的尺寸比在靠近座孔圆弧处量得的尺寸短，且不超过 0.036 mm 时，台肩可用；如果在靠近座孔肩台的边缘处量得的尺寸比在靠近座孔圆弧处量得的尺寸长时，就必须对台肩进行加工。

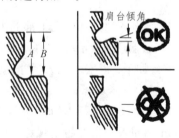

图 5-4　气缸套座孔台肩的检查

检查气缸套座孔台肩是否有裂纹。如果座孔圆周形成的裂纹延伸的长度不超过横跨台肩距离的1/2时，可继续使用；如果有延伸到水孔、螺栓孔的裂纹，这样的气缸体则不能使用，如图5-5所示。

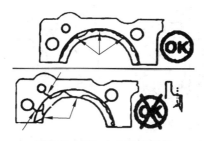

图5-5 气缸套座孔的裂纹

⑥ 测量气缸套座孔的同心度：在气缸套上部座孔或气缸套密封环孔的内径经过修理后，必须检查它们的同心度，测量工具如图5-6所示。

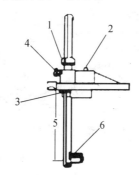

图5-6 气缸套座孔同心度的测量工具

1—千分表固定螺栓；2—定位螺钉；3—接触销；4—旋钮；
5—接触销和千分表之间的距离为254 mm；6—千分表

测量方法如下：

· 将接触销3调整到尽可能靠近工具底板。

· 拆下定位螺钉2和工具底板，将底板翻转过来并装好，安装定位螺钉。

· 松开千分表固定螺栓1，移动千分表，使接触销和千分表之间的距离5为254 mm。

· 松开调整旋钮4，将工具放到预检的缸套座孔内。滑动接触销，使两个接触销均接触到上座孔的内径处，此时下部的千分表不应接触到气缸套密封环孔，如图5-7（a）所示。

· 使两个接触销保持顶住上座孔的内径，滑动工具底板，使千分表的顶尖接触到缸套密封环孔的内径。继续移动底板，使千分表指针移动0.125～0.25 mm，将工具保持在该位置上，扭紧底板固定螺钉，如图5-7（b）所示。

· 使接触销保持顶住上座孔内径，拧动调整旋钮，使千分表的指针最少转动1圈。再转动旋钮使指针指到"零位"。

· 滑动工具，使千分表不接触气缸体。将工具向后滑动，使两个接触销接触到上座孔内径，此时千分表必须保持在"零位"。

· 将工具从"零位"转到180°，滑动工具，使两个接触销接触到上座孔的内径，读千分表的读数（见图5-8）。座孔的跳动量等于千分表读数的1/2，如千分表读数为0.2 mm，座孔实际的跳动量即为 0.1 mm，最大允许的跳动量为 0.13 mm。

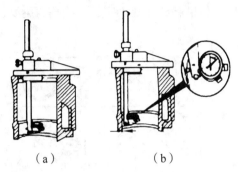

（a）　　　　　　（b）

图 5-7　将工具放到预检的气缸套座孔

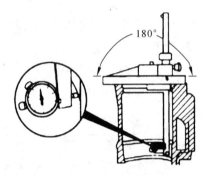

图 5-8　检查座孔跳动量

· 将工具向后转动 180°到原始的"零位"。当千分表不指到"零位"时，重复上述步骤调到"零位"。

· 将工具从原始"零位"顺时针方向旋转，使接触销转过 90°位置，调整千分表使读数为零。再将工具从原始"零位"逆时针方向旋转，使接触销转至与原始"零位"夹角成 90°的位置，读千分表，将读数和规定值相比较。气缸座孔的不同轴度值必须在规定的范围内。若气缸套座装入不正确的座孔内时，将导致发动机缸体的损坏。

⑦ 气缸套座孔的修理：当气缸体座孔平面不平、肩台等损坏或缸体顶平面已修整过时，为使用调整垫片，应加工气缸套座孔深度。其方法如下：

加工座孔的肩台，安装调整垫片，以得到正确的缸套凸出量。缸套凸出量 A 等于缸套法兰的厚度加调整垫片的总厚度减去气缸套座孔的深度（见图 5-9）。气缸套凸出量一般最小为 0.15 mm，最大为 0.20 mm。

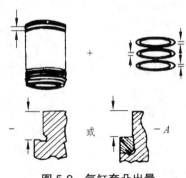

图 5-9　气缸套凸出量

气缸套凸出量的测量方法如下：

·将气缸套装入气缸座孔内，使用两个气缸套压板和两个气缸盖螺栓，将气缸套压紧，螺栓扭紧扭矩为 65 N·m。

·用量规测量气缸套凸出量。

·如果所测得的气缸套凸出量超过规定值，应拆出气缸套。检查是否有毛刺或脏东西。清除后，再次测量零件尺寸，计算凸出量。如果凸出量还大于规定值，应加工气缸套座孔深度。

·如果凸出量小于规定值，应拆除气缸套，利用增加垫片或使用加厚的沉孔环来调整凸出量。

NH/NT855 型柴油机气缸套凸出量为 0.101 6 ~ 0.152 4 mm，垫片的选用厚度如表 5-3 所示。

表 5-3　NH/NT855 型柴油机座孔调整垫片厚度

序号	厚度/mm	序号	厚度/mm	序号	厚度/mm
（1）	0.160 ~ 0.178	（3）	0.206 ~ 0.251	（5）	0.71 ~ 0.86
（2）	0.183 ~ 0.234	（4）	0.46 ~ 1.56	（6）	1.42 ~ 1.73

应选择尽可能少的垫片数，宁可选 1 个厚的垫片，而不要选取 2 个或更多的垫片。在一个气缸套下面不能装用 3 片以上的调整垫片。

⑧加大气缸套座孔上部的内径（止口）：NH/NT855 型柴油机气缸套座孔上部的内径可以加大如下尺寸：

·5.125 英寸（约 130 mm）缸径的气缸体原设计的气缸套为非压入配合的气缸套，但可改用压入配合的气缸套（具有 0.51 mm 的加大凸缘）。

·用相应刀具把气缸套沉孔直径加大到 156.06 ~ 156.11 mm，如图 5-10 中 B 所示。非压入配合的气缸套沉孔直径为 155.55 ~ 155.60 mm，如图 5-10 中 A 所示。

·只应切削到缸体上表面以下 5.08 ~ 6.35 mm，如图 5-10 中 C 所示。

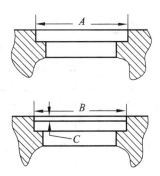

图 5-10　标准加大的气缸套止口直径

·除去锐角和毛刺。

·在安装气缸套时，按表 5-3 选用合适的垫片，以保证正确的气缸套凸出量。

气缸套下部与气缸体孔的间隙：在气缸体中装入新气缸套，不装密封环，气缸套与气缸体之间的间隙如表 5-4 所示。如果间隙不正确，应检查气缸体下部安装密封环处的内径，内径如表 5-5 所示。

表 5-4　NH/NT855 型柴油机气缸套与气缸体之间的间隙（气缸体下部孔）　　mm

最小	最大
0.050 8	0.15

注：上列数据不适用于装上气缸盖和将螺栓拧紧到规定力矩的气缸套。

表 5-5　NH/NT855 型柴油机气缸体下部安装密封环处内径　　mm

最小	最大
155.55	155.60

（3）主轴承盖。

主轴承盖的安装技术要求如下：

① NH/NT855 型柴油机的主轴承盖装到缸体上应比机体加工面宽 0.01 mm，如图 5-1 中的 h_3 所示。

② 主轴承盖装入缸体时，应能感觉不到有间隙或"摇动"。主轴承盖在机体中位置如果不正确，在拧紧螺钉时会引起机体变形。

③ 更换主轴承盖时，必须加工配合面。

（4）主轴承孔。

主轴承孔的安装技术要求如下：

① 把主轴承盖、锁板和螺栓装到缸体上，按规定扭矩值和顺序扭紧螺栓，扭紧力矩如表 5-6 所示。

表 5-6　NH/NT855 型柴油机主轴承盖螺栓拧紧扭矩　　N·m

方法	最小	最大	方法	最小	最大
第一步拧紧到	190	203	第四步拧紧到	190	203
第二步拧紧到	407	420	第五步拧紧到	407	420
第三步完全松开					

② 用内径千分表在垂直、水平和交叉方向测量主轴承孔的内径，内径如表 5-7 所示，内径差必须在 0.013 mm 的范围之内。

表 5-7　主轴承孔内径

内燃机类型	尺寸/mm	
	最小	最大
NH/NT855	120.61	120.65

③ 用专用检查杆检查主轴承孔的同心度，这个精磨过的检查杆上有检查环（见图 5-11），在检查时应能穿过所有主轴承孔，并能自由转动（可在镗瓦机上进行）。检查前，应将主轴承盖安装好，并拧到规定扭矩值。如果检查环不能通过轴承孔，则可能是由于主轴承盖螺栓拧紧扭矩值不正确、孔加工后毛刺没除去或主轴承盖已变形。

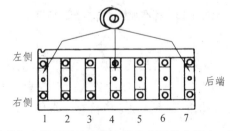

图 5-11　用于检查柴油机主轴承孔检查杆上的定心环放在第 1、4、7 道主轴承座孔内

④ 将厚 0.075 mm、宽 13 mm 的塞尺，塞入轴承孔与检查环之间（见图 5-12），判断轴承孔是否合格，可分下列几种情况：

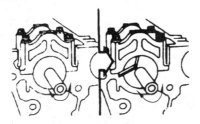

图 5-12　用塞尺检查

· 在任何地方塞尺均不能塞入，而检查杆转动灵活，此孔合格。
· 塞尺在一边可以塞入，而在对边不能塞入，检查杆转动灵活，或者并不能沿着整个孔周围都能插进去，同时检查杆能在插入塞尺的情况下，如检查杆转动灵活，此孔仍算合格。
· 塞尺可以塞入而且很松，说明轴承孔过大，此孔不合格。
· 塞尺可塞入轴承前侧，但不能塞入后侧，说明轴承孔有锥度，此孔不合格。
· 主轴承孔可用镗削方法修理。

5.1.2　气缸套

1. 气缸套外部清洗和检查

（1）用钢丝刷、蒸汽箱或溶液槽等清洗方法从气缸套外面除去锈和水垢。
（2）检查气缸套上凸缘的下部、气缸套底部和气缸套密封环槽等处有无裂纹。可采用磁力探伤法或着色探伤法检查。在气缸套如有任何一种形式的裂纹均必须予以更换。
（3）检查气缸套的外表面上是否有腐蚀或穴蚀，如图 5-13 所示。

图 5-13　检查气缸套外部腐蚀或穴蚀

当腐蚀、穴蚀的深度达到 1.587 5 mm 或更大时，气缸套应报废。
检查气缸套凸缘下面有无腐蚀、穴蚀。如果不平处不能用一种细砂布磨掉，则气缸套应报废。
如果某一气缸套有微小的穴蚀针孔存在，可继续使用，但安装时必须将气缸套有穴蚀针孔的部位安装在曲轴最长的中心线方向一侧。

2. 气缸套内表面的检查

（1）检查气缸套内表面的拉伤划痕情况（见图 5-14），看拉伤深度是否能被手指甲感觉出来。如果手指甲能感觉到有拉伤、划痕，则必须更换。

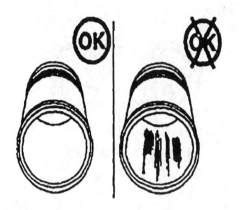

图 5-14　检查气缸套内表面拉伤

（2）检查气缸套内孔磨亮情况（见图 5-15），具体情况如下：

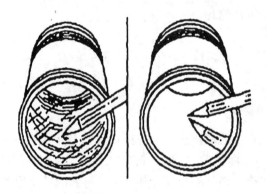

图 5-15　检查气缸套内孔磨亮情况

　　轻微程度的磨亮——在磨损的区域处产生出一种如光亮镜面的表面粗糙度，并留有磷化镀层的痕迹和留有原始珩磨加工的迹线。

　　中等程度的磨亮——在磨损的区域处产生出一种如光亮镜面的表面粗糙度，并有非常轻的原始珩磨痕迹或某种蚀刻形状的明显斑痕。

　　严重程度的磨亮——在磨损的区域内产生出一种如光亮镜面的表面粗糙度，不再有珩磨加工的痕迹或某种蚀刻形状的斑痕。

　　缸套内孔表面，若有以下情况则必须予以更换：

　　·在活塞环移动的区域内，有超过 20% 的严重磨亮部分，如图 5-16（a）所示。

　　·在活塞环移动的区域内，有中等程度和严重程度的磨亮面达 30%，其中 1/2（15%）属严重磨亮部分，如图 5-16（b）所示。

　　（3）气缸套内孔测量：用内径千分表（量缸表），在气缸套中如图 5-17 所示的上、中、下部位置测量气缸套内径，在每个测量部位互相成 90° 的两个位置测量，标准气缸套的内径尺寸如表 5-8 所示。

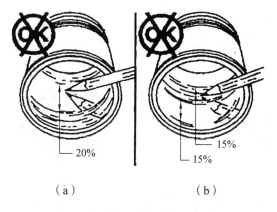

（a）　　　　　　　　　（b）

图 5-16　气缸套内孔磨亮要求

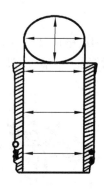

图 5-17　气缸套内孔测量部位

表 5-8　气缸套内径尺寸

机型	尺寸/mm	
	最小	最大
NH/NT855	139.687	139.73

注：由于涂有油膜，新缸套在 16～21℃ 测得的尺寸可能比规定值小 0.005 mm～0.015 mm。

用内径千分表测量气缸套内孔的不圆度：在离气缸顶平面 25.4 mm 处，测量气缸套内孔不圆度不应超过 0.08 mm，测量下部气缸套内孔不圆度不应超过 0.05 mm。

（4）用内径千分表检查气缸套的磨损。

以 NH/NT855 型柴油机为例，如果气缸套磨损超过新气缸套最大直径 0.101 6 mm，应更换气缸套或扩磨到下一级加大尺寸。对加大尺寸的气缸套，活塞相应地有 3 级加大尺寸即 0.50 mm、0.75 mm 和 1.00 mm。通常换用新的标准尺寸的气缸套要比镗磨到加大尺寸的气缸套经济，并可继续使用标准的活塞和活塞环。

如果气缸套磨损没有超过使用限度，在没有重新镗磨前气缸套不应再次使用。气缸套镗磨方法如下：

·用镗缸机将气缸套磨损的上边缘凸起除去。

·将气缸套镗磨到下一级加大尺寸。

·精磨气缸套到规定的粗糙度。

3. 测量气缸套法兰的厚度

使用千分尺测量气缸套法兰的厚度，如图 5-18、图 5-19 所示。利用该测量值可以预估气缸套的凸出量。

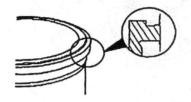

图 5-18　测量气缸套法兰厚度

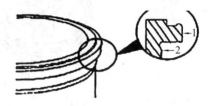

图 5-19　测量气缸套法兰的厚度

1—气缸套法兰处外径

2—气缸套辅助压配合处外径

此外，应检查气缸套法兰的外沿和底平面处是否有磨损。可用肉眼直接观察上述区域是否有磨亮的小块面积，如果看不到机械加工的痕迹区域在长度上超过 13 mm 时，缸套必须更换，如图 5-20 所示。

图 5-20　气缸套法兰处的磨损

5.1.3　气缸盖的维修

5.1.3.1　气缸盖的结构

以康明斯 N 系列柴油机的气缸盖为例，讨论现在柴油机气缸盖的典型结构。该类型气缸盖采用两缸一盖形式，如图 5-21 所示。这种结构密封性较好，结合面小，不易产生变形，气缸盖底面产生的应力也较小，外形尺寸较小，结构简单，制造方便，易于拆卸和修理。每个缸均采用 4 个气门。气缸盖的一侧有进气道，两缸的进气道共用一个进气口并与一个单独的进气管相通；另一侧有排气道，分别通过各缸的排气口与排气歧管相连。气缸盖上面装有气门导管、丁字压板导杆、气门弹簧等。

在气缸盖上面还装有摇臂室，每缸有 3 个摇臂（进气摇臂、排气摇臂、喷油摇臂），通过可更换的衬套装在摇臂轴上（见图 5-22）。在进气和排气摇臂上的摇臂凸面是经过精密磨削加工的，不允许修理。在喷油摇臂上的球窝可以更换。如果为拆卸球窝在喷油摇臂上钻一孔，拆卸后就应使用一盲孔铆塞，以便将钻孔堵死，否则机油压力会下降。摇臂轴支撑在摇臂室上，摇臂室可给摇臂总成提供一个安装平面，可将冷却水从气缸盖输送到节温器壳，以及可将润滑油从气缸盖输送到摇臂总成上。在摇臂室上面装有摇臂室盖。

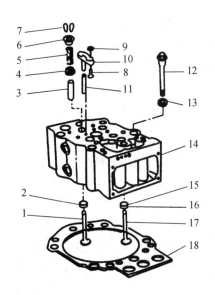

图 5-21　气缸盖

1—排气门；2—排气镶座；3—气门导管；4—气门弹簧下座；5—气门弹簧；6—气门弹簧上座；

7—气门锁片；8—调整螺钉；9—调整螺母；10—气门丁字压板；11—丁字压板导杆；

12—气缸盖螺栓；13—气缸盖螺栓垫圈；14—气缸盖；15—涡流挡板；

16—进气门镶座；17—进气门；18—气缸垫

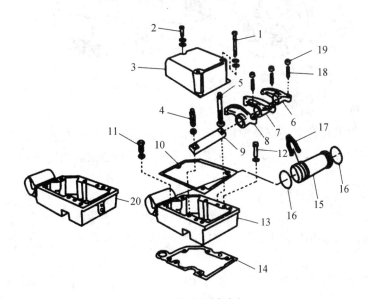

图 5-22　柴油机摇臂室

1，2，11，12—螺栓及弹簧垫；3—摇臂室盖；4，5—螺栓和平垫；6—进气摇臂和衬套；

7—喷油摇臂和衬套；8—排气摇臂和衬套；9—摇臂轴；10，14—摇臂室盖衬垫；

13—摇臂室；15—输水管；16—O 形圈；17—卡环；18—摇臂调整螺钉；

19—调整螺母；20—专用摇臂室

在气缸盖内还装有由铜合金制作的喷油器套筒。气缸盖内还铸有燃油管道，代替了外面的燃油管道。此外还有机油道和水道。气缸盖由高强度、中等耐热合金铸铁铸造而成。气缸盖上大部分螺栓的扭紧顺序和扭矩值都有特殊要求。

气缸盖维修时的重点部位，直接影响气缸的密封性和气门机构与 PT 喷油器的正确安装。

5.1.3.2　气缸盖的检验及修理

喷油器套筒的拆卸步骤为：用专用拉器卸下喷油器套筒；用钢丝刷清除喷油器套筒密封面上的杂质；气缸盖与喷油器套筒之间接触座面的边缘如有磨损可用铰刀来铰光表面，切削深度不大于 0.254 mm。

1. 气缸盖裂纹及其检查

一般来说，在与气缸体结合平面、气门导管孔、气门座圈孔、喷油器孔、冷却水套壁等处，易产生裂纹，如图 5-23 所示。可用水压试验、气压试验和磁力探伤等方法进行检查。

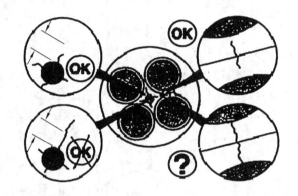

图 5-23　气缸盖裂纹

（1）水压试验。

①在每一个喷油器套筒中安装专用的喷油器套筒封闭工具或安装一个废的喷油器总成。

②按规定扭矩值 13.56～16.27 N·m 拧紧封闭工具和喷油器固定螺钉，以密封喷油器套筒下端。

③把气缸盖放入水压试验装置中，在 241～586 kPa 水压下检查有无泄漏。如有，可以把水加热到 82 ℃，仔细检查气门座四周和喷油器套筒座四周有无裂纹，有时这些裂纹并不显示漏水，这种裂纹往往是由于喷油器固定螺钉拧得太紧造成的。气缸盖如果发现有裂纹，应予以报废。

④打开试验装置的出水阀，检查气缸盖中的自然水流情况。如果发现有明显的水流不畅，则卸下螺塞和喷油器套筒，按下述方法清除水套中的水垢和沉淀物。

·卸下气缸盖上所有螺塞和保护塞。

·用蒸汽清洗和分解气缸盖后，把气缸盖浸入装有清洗剂的容器中并加热到沸点，清洗剂应按工厂规定使用。

·使清洗剂流动以加强除垢、除油效果。

·把气门、气门弹簧和气门半圆卡环浸入清洗剂中清洗。

·水垢层很厚时，可采用循环的酸性清洗剂。酸洗时应特别注意安全操作，因为酸有害于操作者和周围机器，因此不要在车间进行。酸洗地点应常备有作为中和剂的强碱溶液。

⑤ 经压缩空气吹干气缸盖后，用定位磨光机轻磨气缸盖表面到刚好发亮为止。这有利于全面检查配合面。应当注意，不要采用盘式磨光机，因为它反而会使气缸盖表面损坏。

（2）气压试验。

采用气压试验检查时，气缸盖必须浸入水中，从冒出水面的气泡来检查裂纹的位置。可以用 138～207 kPa 的压缩空气通过要检查的通道，保持压力持续时间为 30 s，检查在这一时间内有无漏气。

气缸盖内部如有严重磨损、损坏和裂纹应予以报废。

2. 气缸盖底平面的损伤

气缸盖与气缸垫配合表面如有伤痕、腐蚀或不均匀磨损时，应进行检查。平直度用直尺和塞尺检查，气缸盖有上述损伤后可用磨修方法修理。气缸盖每次加工量为 0.127 0～0.152 4 mm，气缸盖厚度加工达到使用极限时应予以报废。康明斯 N 系列柴油机气缸盖新品的厚度最小为 111.00 mm，最大为 111.25 mm，磨损极限为 110.24 mm。应当注意：气缸盖平面未重新加工时，只允许用 0.793 9 mm 的缸垫；气缸盖的上平面和下平面必须是平行的，不平行度在 0.13 mm 以内，否则可能使气缸套座孔发生变形。

3. 喷油器套的损伤与修理

如果作气压试验或水压试验中发现喷油器套有渗漏或损伤，则应更换喷油器套。

5.1.3.3 气缸盖的装配及检验

1. 喷油器套筒的组装

（1）在新的喷油器套 O 形圈上涂一层清洁的机油，将它装到气缸盖的 O 形槽中，如图 5-24 所示。

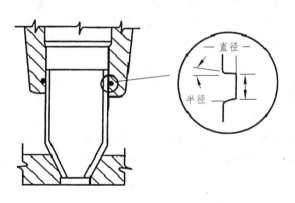

图 5-24　气缸盖中的 O 形环槽

（2）用专用工具将喷油器套压入气缸孔中，并用压紧工具压紧，用扩张器扩张喷油器套的上部和底部，使它和气缸盖之间密封。

（3）用喷油器座面铰刀铰削喷油器套的座面。将喷油器装入气缸盖，用 14～16 N·m 的力矩拧紧螺栓，安装喷油器压板，再用千分表测量气缸盖底平面与喷油器顶端的距离即凸出量。NT855型柴油机喷油器端部的凸出量为1.52~1.78 mm，如凸出量不够，可铰削喷油器套座面。

（4）在喷油器套座面上涂抹普鲁士蓝油，装上喷油器，按规定扭矩值上紧，再取下喷油器，观察座面的接触情况，其油的痕迹应为光整的一圈，最小宽度为1.52 mm，如果接触面宽度不符合要求，则应更换喷油器，或用一锥形刷子清理喷油孔座，再次检查密封带的痕迹，如果密封带仍不在规定范围内，气缸盖就必须予以更换和修理。

2. 气缸盖的装配

气缸盖上先装好气门导管、气门和气门弹簧组件，然后按如下步骤进行装配：

（1）在气缸体上放好气缸盖垫，使"TOP"字样的一面朝上。

（2）在气缸盖螺钉上涂防锈油。注意涡轮增压柴油机气缸盖螺钉在螺钉头上应有字母"NT"。

（3）装上气垫圈和螺钉并按一定顺序和规定的扭矩值（见表5-9）拧紧。

表 5-9　气缸盖螺丝的拧紧扭矩值　　　　　　　　　　　　　　N·m

步　骤	最　小	最　大
第一步拧紧到	27	34
第二步拧紧到	108	136
第三步拧紧到	359	413.5

5.2　活塞连杆组的修理

活塞连杆组的修理重点是连杆的修理，因为在实际运用中活塞组均是进行正确选配，其主要工作是对活塞组的检测，然后根据检测结果进行正确选配。关于活塞组的检测在前面的章节中已讨论过，这里不再重复，下面讨论连杆的维修。

5.2.1　连杆组的维修

连杆组的主要损伤有连杆小头衬套磨损；连杆小头衬套座孔和连杆大头轴瓦座孔磨损与变形；连杆的弯曲和扭曲；连杆螺栓的裂纹、断裂、永久变形、螺纹磨损或滑扣等。

1. 连杆的检查

（1）检查连杆、大头盖和螺栓。

用磁力探伤法检查连杆、大头盖、连杆螺钉或螺栓是否有裂纹。

如果在连杆的关键部位（见图5-25画有阴影的部位），通过磁力探伤可以看到任何显示的痕迹，则此连杆就必须更换。注意：连杆经磁力探伤后，必须完全地去除磁性并进行彻底清洗。

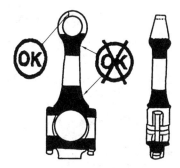

图 5-25　连杆的关键部位

（2）检查连杆大、小端孔径。

① 将连杆大端盖装到连杆上，并按规定的顺序和扭矩值扭紧螺栓（见表 5-10）。在装配大端盖时一定注意：连杆杆身上的号码必须与连杆盖上的号码相同，如图 5-26 所示。

表 5-10　NH/NT855 型柴油机连杆螺栓的拧紧扭矩值　　　　　　　　　　　N·m

步　骤	最　小	最　大
第一步拧紧到	95	102
第二步拧紧到	190	203
第三步完全松开		
第四步拧紧到	34	41
第五步拧紧到	95	102
第六步拧紧到	190	203

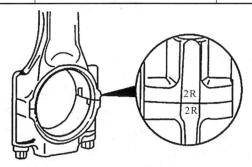

图 5-26　连杆杆身和盖上的记号

② 测量大端孔径。使用内径千分表，在与连杆大头孔径结合面每边各 20° 弧线的范围内（见图 5-27），测量孔的内径。

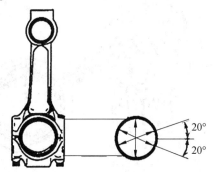

图 5-27　用内径千分表测量孔的内径位置

123

如 NH/NT855 型柴油机连杆大头孔径为：对带螺栓和螺母的连杆，大头孔径应为 83.114 ～ 83.139 mm；对带螺钉的连杆，大头孔径应为 84.219 ～ 84.244 mm。

③ 测量小端孔径。用内径千分尺测量小头孔径。

NH/NT855 型柴油机连杆小头孔径为 50.825 ～ 50.838 mm。

（3）检查工字型杆身外伤。

工字型杆身如有深于 0.80 mm 的刮伤、划痕或其他损伤时，连杆应报废。

（4）检验连杆的长度、弯曲度和扭曲度。

连杆弯曲度和扭曲度可在连杆检验器（见图 5-28）上进行。检验前检验夹具应校准，其方法如下：

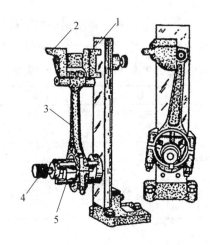

图 5-28　连杆检验器

1—垂直板；2—小角铁；3—连杆；4—横轴调整螺丝；5—定心块

① 用"标准"连杆或已知连杆长度的新连杆来校准检验夹具。

② 从一组定位心轴中选择合适的活塞销孔心轴，装到活塞销孔中。

③ 再将短轴装入大头孔中，紧固短轴，使它能正确地在大头孔的中心上定位。

④ 将标准连杆装入检验夹具上。扭松旋钮，移动千分表支架，使两个千分表的触头都碰到小头孔的心轴（见图 5-29）。扭紧支架固定千分表，并调整千分表的指针到"0"位。

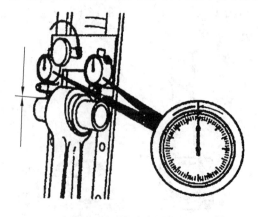

图 5-29　检验夹具

⑤ 从检验夹具上拆下标准连杆，水平翻身转过 180°，再将它装入校验夹具内。此时千分表指针应处于"0"位。如果千分表指针并不回到"0"位，应调整千分表的表盘，使千分表的读数调整到读数差的 1/2。此时在连杆的两种安装位置上读数应相同而表指示的方向相反。至此检验夹具校准完毕。

测量连杆的长度：将心轴和短轴装入待检验的连杆，按上述步骤校正检验夹具。记录千分表指示的读数。千分表"0"位的校准差值必须从标准连杆的已知长度中加上或减去，来确定正在被测量的连杆长度。NH/NTB55 型柴油机连杆长度为 304.749 2 ~ 304.800 0 mm。如果连杆长度不在规定的范围内，就必须更换连杆或加活塞销衬套。

测量连杆的弯曲度（孔的平行度）：记录千分表的读数，从检验夹具内拆下连杆，将连杆水平方向翻转 180°，将千分表的读数和开始记录的千分表读数进行比较，这两次千分表读数的差值，就是连杆的弯曲度值。弯曲度值，不带衬套时应不大于 0.25 mm；装衬套后应不大于 0.10 mm。

测量连杆的扭曲度：用厚薄规检查活塞销孔夹具和心轴之间的间隙（见图 5-30），夹具和心轴之间的间隙量就是连杆的扭曲。装有衬套时，扭曲度应不大于 0.25 mm；不装衬套时，应不大于 0.51 mm。

也可采用另外一种仪器及方法检验扭曲度：在检验弯曲度的基础上，将小角铁下移，使侧面与活塞销接触（见图 5-28）。再通过观察小角铁与活塞销接触的情况，即可判断扭曲的方向和程度。

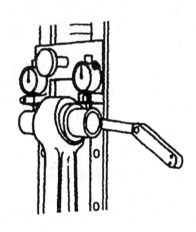

图 5-30　检验扭曲度

在实际工作中，通常是在连杆轴承、连杆铜套修配好后，装上新配轴承和活塞销进行连杆的弯曲度、扭曲度的检验与校正，在内燃机装配偏缸检查时再复查一次即可。

（5）检查连杆螺栓和螺孔。

若拧紧扭矩过大时，连杆螺栓可能产生变形。

① 检查螺栓的最小直径。NH/NT855 型柴油机连杆螺栓，如直径小于 13.72 mm 时，则应予以更换。

② 如螺栓或螺母的螺纹已损坏时，应予以报废。

③ 测量螺孔中的导向部孔径。如果连杆的导向部孔径大于 5.880 mm 时，则应予以报废。

④ 检查装螺栓凸台的圆角。螺栓凸台应有半径为 1.14～1.40 mm 的圆角（见图 5-31），修磨圆角最大允许切削量为 1.587 mm，加工后应去除凸台上的所有锐边。

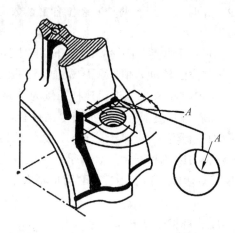

图 5-31　连杆螺栓凸台处的圆角

A—装螺栓头凸台的圆角

2. 连杆的修理

以 NH/NT855 型柴油机连杆的修理为例，如有下述情况应当修理大头孔：对于带螺栓和螺母的连杆，大头孔大于 83.139 mm；对带螺钉的连杆，大头孔大于 84.244 mm；连杆或大头盖结合面损伤。具体修理方法如下：

（1）用专用工具拆下连杆小头衬套。

将大头盖装上连杆并按规定扭矩值拧紧连杆螺钉或螺母。

（2）在连杆检查器上测量连杆长度。

如果长度等于或小于 304.57 mm 时，应予以报废。

（3）用刨削或铣削修理连杆和大头盖结合面

① 从连杆和大头盖结合面修整，最多可修去 0.23 mm。

② 从连杆和大头盖上修整的切削量应相等。

③ 连杆长度为 304.80 mm 时，才允许修去 0.23 mm 的最大修整量。

④ 如果必须修去最大修整量时，加工后连杆尺寸应为 304.57 mm。

⑤ 用研磨膏抛光和修整加工平面，将蓝油（或红丹）涂在平面上，在平板上检查平面度。螺钉孔附近的平面，必须有 100% 显示接触，其余部分至少有 75% 接触。

（4）大头孔的修理。

① 将大头盖装上连杆，并按规定扭矩值上紧，用镗削加工大头孔。

② 对带螺栓和螺母的连杆，大头孔应镗到 83.114～83.139 mm；对带螺钉的连杆，大头孔应镗到 84.219～84.244 mm。

③ 将连杆装在连杆检查器上，检查大、小头孔偏差。

（5）连杆小头孔的修理。

① 将厚壁活塞销衬套用专用工具压装进小头孔内。压入时必须对准各油孔，必须保证

3.17 mm 直径的细杆可顺利地穿过连杆和衬套的油孔。

②镗削活塞销衬套孔，将孔径镗到 50.825～50.838 mm。

必须注意：同一台发动机上全部连杆必须是同一件号的，不可用不同件号连杆的大头盖。

（6）连杆衬套的磨损及原因。

①连杆衬套孔的磨损。这主要是由于摩擦磨损的结果，当润滑油变脏时其磨损将加剧。衬套孔的磨损是不均匀的，一般在上下方磨损较大。这是因为摩擦磨损主要是由于活塞组零件的离心力、惯性力及爆发压力造成的。磨损后将使衬套与活塞销的配合间隙增大，工作时产生附加的冲击载荷，加速活塞连杆组及其他零件的磨损。

②连杆衬套与座孔配合过盈量的消失，并使其产生相对运动，造成衬套外圆的磨损。

（7）连杆衬套的修配。

①衬套的选择。

内燃机在大修时，更换活塞、活塞销的同时，必须更换连杆衬套，以恢复良好的配合。

衬套与连杆小头孔的配合，应有各机规定的过盈量，以保证衬套在工作时不走外圆。过盈量过大会造成压装衬套的困难，还易把衬套压坏。对过盈量的测量，可用游标卡尺分别测量连杆小头孔内径和新衬套的外径，以此为根据选择具有一定过盈量的新衬套。

同时，还要求衬套有一定的加工余量，如过厚，铰削次数多，容易铰偏；过薄则不易铰出成品。经验的判断方法是在衬套压入连杆小头孔之前，最好先与欲配的活塞销试套，如能勉强套上，则为合适；套不上，说明加工余量太大；套上后松旷，说明加工余量太小，均应重新选配。

压装新衬套：在压装前先用比衬套内径稍大的铣子，铣出旧衬套，并检查衬套座孔有无毛糙卷边，否则应予以修整，以防擦伤衬套外圆。将新衬套外圆有倾角一端朝向连杆小头座孔，放置端正，并用锤打入少许，然后放在台虎钳或压床上，慢慢夹紧压入。

注意：对于整体式衬套，应使衬套与连杆小头油孔对正；对于两个半截式的衬套，应使衬套压至连杆小头油孔的边缘，露出连杆小头端面部分可用锉刀锉掉；对于厚度较薄的衬套，为了更有效地防止衬套在座孔内转动，压入后，可用专用铣子将衬套向两端挤压，使衬套与座孔贴合紧密。

②衬套的修配。

a. 衬套的铰修。

选择铰刀。根据活塞销实际尺寸选择铰刀；将铰刀夹入台虎钳并应与钳口平面垂直。调整铰刀。把连杆小端套入铰刀内，手托住连杆大端，一手压小端，以刀刃能露出衬套上平面 3～5 mm 为适宜的铰削量，如图 5-32 所示。如铰削量太大或太小，都会使连杆在铰削中摆动，铰出棱坎或喇叭口。

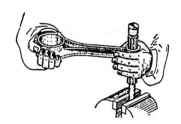

图 5-32　铰削连杆衬套

铰削。铰削时一手托住连杆大端，并均匀用力扳转，一手把持小端，并向下略施压力进行铰削。当衬套下半面与刀片下端面相平时，应停止铰削，此时，将连杆小端下压，使衬套脱出铰刀，以免铰出棱坎。在铰刀直径不变的情况下，再将连杆反面重铰一次。铰刀调整量，以旋转螺帽 60°~90° 为宜。

试配。在铰削中应不断用销子试配，以防铰大。当铰削到用手掌的力量能将销子推入衬套 1/3~2/5 时，应停止铰削。此时，可将销子压入或用木锤打入衬套内（打压时要防止销子倾斜），并夹持在台虎钳上往复扳转连杆，然后压出销子，查看衬套的接触情况。

修刮。根据接触面和松紧度情况，用刮刀加以修刮，修刮的要领同活塞销座孔的要求相同。修刮后能用手掌的力量把活塞销推入连杆衬套时，则松紧为适宜，如图 5-33 所示；衬套的接触面，星点分布均匀，轻重一致时，则接触面适宜。

图 5-33　连杆衬套的试配

铰配连杆衬套时，也可把铰刀夹在普通车床的卡盘上，开动车床带动铰刀旋转，进行铰削。在开始铰削时，应特别注意把连杆扶正，以防铰偏，然后徐徐推动连杆从铰刀的外端移向内端，当衬套接近与铰刀内端平齐时，缓慢退出连杆，其他操作要领与上述方法基本相同。这种方法只要操作得当，不但速度快、省力，而且铰刀的转速较快，可获得比较高的光洁度。

在有挤光刀的情况下铰削时，可留出微小的余量（挤压过盈量较大时，容易损坏衬套，一般挤压余量是 0.02~0.03 mm），再用挤光刀在压床上挤光，如图 5-34 所示。这样可使衬套获得光滑面，其内部组织受挤压作用而紧密，从而提高了衬套的耐磨性。同时由于挤压作用，也能使衬套的外圆与连杆小端内孔更加贴合。挤光刀可以用工具钢制造，也可以利用加大尺寸的活塞销按挤压余量磨成不柱度，做成一套各种直径的简易挤光刀，使用时用台虎钳夹或用小压床把挤光刀从一端压入进行挤压即可。

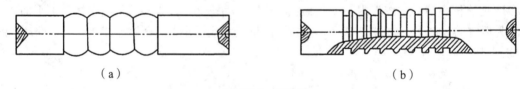

（a）　　　　　　　　　　　　　　　　（b）

图 5-34　挤光刀

b. 连杆衬套的镗削。

为了提高衬套的修理质量，在有条件的修理单位，可以用车床或专用小型镗削机进行衬套的镗削加工。

镗削时以衬套的内圆定位，然后把连杆大端固定住，用镗刀进行镗削。镗削后稍加修整，即可与活塞销相装配。

c. 连杆衬套修配质量的检验。

活塞销与连杆衬套配合是否符合要求，通常是通过感觉来判断的。一般检验方法如下：

将活塞销涂以机油，对经过镗削加工或挤光过的衬套，以及铰削质量好、表面粗糙度好的衬套，应能用大拇指的力量把活塞销推入衬套内，且没有间隙感觉，如图5-35所示；对于用铰刀铰削的衬套，应能用大拇指的力量把活塞销推入衬套，则松紧度也符合要求。

图 5-35　活塞销与衬套接触面的配合

把活塞销夹在台虎钳上，然后沿活塞销轴线方向扳动连杆（见图 5-36）应无间隙感觉，在衬套两端加些机油扳动时，销与衬套也不应产生"气泡"；转动连杆时，连杆应随手圆滑转动。

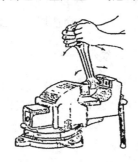

图 5-36　检查活塞销与衬套配合紧度

对于铰削的衬套把连杆与平面成75°时能停止，用手轻轻拍打时，连杆应借自身质量徐徐下降，则配合符合要求。

对配合松紧不符合要求的处理：检查活塞销与连杆衬套的配合时，如有间隙感觉或连杆下降太快，这种现象表明配合太松；如有气泡产生，则表明铰成"喇叭口"或间隙过大，遇此情况不要勉强使用，应选用同级中较大一些的销子进行试配。若配合过紧应加以修刮。

在检验活塞销与衬套松紧度的同时，还应检查接触面的情况，即看印痕面积应在75%以上，接触应星点分布均匀，轻重一致。当配合紧度和接触面都达到要求后，再装配使用。

5.2.2　活塞与连杆的组装

（1）在同一台内燃机上，应装用相同件号的成组活塞，使质量误差控制在允许范围内。

（2）连杆和连杆轴承盖在拆卸前均应打上标记，组装时应按打上的标记进行，不要互相混淆装错。

（3）在活塞销孔槽中先装上一个活塞销锁环。

（4）在沸水中或在一恒温箱中（温度低于 98.9 ℃）加热铝活塞，在活塞取出冷却前经活塞销孔和连杆小头衬套孔装入活塞销（加入润滑油），在 21.1 ℃ 时，活塞销的配合是 0.002 5 ~ 0.007 6 mm。活塞销一定要在活塞加热后进行装配。不要把活塞销硬打入活塞中，这样会使活塞变形，并使活塞在气缸套中卡住。

（5）在活塞销孔的另一端槽中装入第 2 个锁环，装入后检查两个锁环是否已正确地进入环槽内，如果锁环没有正确进入环槽内，在内燃机工作期间，它将被甩出，从而引起内燃机严重损坏。

5.3 曲轴飞轮组的修理

5.3.1 曲轴的检查和修理

曲轴的主要损伤是轴颈磨损、曲轴裂纹和断裂。裂纹由油孔处产生，沿与轴线成 45° ~ 55° 的方向发展，造成主轴颈与连杆轴颈断裂；裂纹由圆角处产生，向曲柄臂发展造成曲柄臂断裂，常发生在曲轴全长 2/3 的部位上。除上述损伤以外，曲轴还会产生弯曲和扭曲变形。

1. 用磁力探伤器检查曲轴是否有裂纹和损坏

经磁力探伤器检验，曲轴有下列情况就不能继续使用：
（1）在曲轴的圆角处或在图 5-37 所示的阴影区有损伤。
（2）在 45° 的交叉线跨越油孔处或进入油孔的倒角处有裂纹或损伤。
（3）出现长达 6 mm 以上的裂纹。
（4）在一个轴颈上有多于 4 处以上的裂纹。

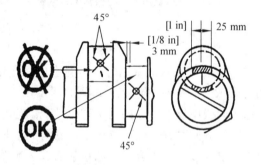

图 5-37 磁力探伤后曲轴的显示情况

表层下部的显示情况如图 5-38 所示，若有下列情况曲轴就不能继续使用：
（1）在曲轴圆角处或在图 5-38 所示的阴影区域内有圆周方向的裂纹与损坏。
（2）在圆周方向有长达 25 mm 以上的裂纹。
（3）在轴线方向有长达 9 mm 的裂纹。
（4）有离油孔倒角近于 1.5 mm 的裂纹。
（5）有 45° 的交叉线跨越油孔的裂纹。
注意：经磁力探伤的曲轴，必须完全退磁和彻底清洗，才能使用。

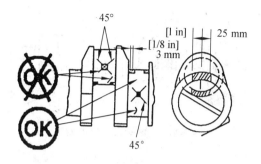

图 5-38　表层下部的显示情况

2. 曲轴磨损部位的测量

（1）用千分尺测量曲轴的前端和后端应符合具体要求。

（2）用千分尺测量主轴颈、连杆轴颈和止推法兰的厚度，如图 5-39 所示。

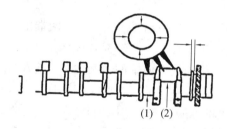

图 5-39　曲轴轴颈、连杆轴颈、止推法兰的测量图

测量的曲轴主轴颈、连杆轴颈尺寸如表 5-11 所示。

表 5-11　NT855 型柴油机曲轴轴颈尺寸

mm

轴　颈	最　小	最　大	磨损极限
主轴颈	114.262	114.30	114.237
连杆轴颈	79.373	79.375	79.298

（3）测量曲轴主轴颈和连杆轴颈的不圆度和不柱度。如果不圆度大于 0.5 mm 或不柱度大于 0.013 mm 时，则需要磨削曲轴轴颈。

3. 曲轴弯曲度的测量

曲轴弯曲度：当曲轴用其两端轴颈支撑时，在中间主轴颈所测得的千分表总读数的 1/2 就是弯曲度或全长的不同心度。

轴颈的跳动量：当主轴颈沿着一个共同的轴线转动时，一个主轴颈的千分表总读数和另一相邻的轴颈的千分表总读数之间的差值，即为相邻轴颈的跳动量。

弯曲度的测量：将曲轴的两端轴颈支撑在 V 形铁上（见图 5-40），用一千分表，将千分表的量杆放在轴颈中心线处，并使触头触到被测轴颈，转动曲轴，测量每个轴颈，并作记录，把所测中间主轴颈的千分表读数除以 2，即为弯曲度。

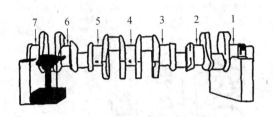

图 5-40　曲轴弯曲度的测量

1～7—曲轴主轴颈

4. 曲轴的校直

当曲轴弯曲度小于 0.20 mm 时，可通过修磨轴颈将轴修直；当弯曲度超过 0.20 mm 时，必须先校直然后磨轴，否则磨削量将太大而影响曲轴的使用寿命。常用的校直方法有冷压校直和冷作校直（适用于铸造曲轴）等。

（1）冷压校直。

校直曲轴可用 20 t 的油压机，将曲轴置于压床上，两端主轴颈用衬有铜垫的 V 形支架支撑，在曲轴弯曲的反方向对主轴颈加压，如图 5-41 所示。压校时弯曲度的大小与曲轴材料和弯曲变形的大小有关。因此，必须根据曲轴的实际情况确定压较量，如铸造中碳钢曲轴弯曲变形度为 0.10 mm，压校弯曲度为 3～4 mm（即为原弯曲度的 30～40 倍），在 1～2 min 内即可基本校直；而对相同弯曲度的球墨铸铁曲轴压校时，为原弯曲度的 10～15 倍即可基本校直。但必须指出，当曲轴弯曲变形较大时，校直必须分多次进行，以防压校的弯曲变形过大而使曲轴折断，尤其是球墨铸铁曲轴更易折断，一般情况下曲轴弯曲度的检查和校直工作，不可能一次成功，必须反复进行，直至校正到符合规定标准为止。冷压校直后的曲轴可能因弹性后效作用而重新弯曲，为了防止这种弹性后效作用，可以采取自然时效和人工时效处理。自然时效即将冷压后的曲轴搁置 5～10 天，再重新检查校正。自然时效方法简单，但内燃机修理周期将要因此而延长，是不经济的；人工时效处理即冷压后将曲轴加热 300 ℃ 左右，保温 0.5～1 h，便可消除冷压产生的内应力。

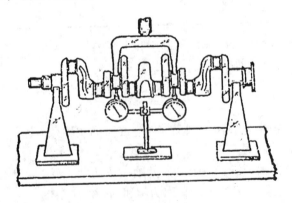

图 5-41　在压床上校正曲轴

冷压校直曲轴的方法，还存在以下缺点：由于曲轴的轴颈分别在不同平面上，而且沿长度方向曲轴的刚度不同，因此最大的压校变形，不一定发生在新加压力的作用方向上，而往往发生在危险断面的轴颈圆角处，造成应力集中而降低曲轴的疲劳强度。

（2）表面敲击校直。

这种方法是用手锤或气锤敲击曲柄臂的表面，如图 5-42 所示。由于冷作作用产生残余应力，使曲柄臂变形，曲轴轴线产生位移，从而达到校直曲轴弯曲的目的。因其变形发生在曲柄臂上，所以轴颈圆角处无残余应力，同时校直的精度较高。敲击的程度和方向是根据曲轴弯曲量的大小和方向而定的。第 1 次敲击的效果最好，重复地在同一部位敲击会使冷作程度增加，但校直效果不显著，所以对每处的敲击以 3 ~ 5 次为宜。

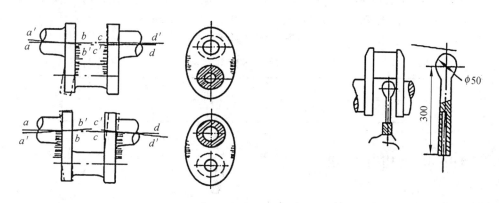

图 5-42　冷作敲击部位和工具

a', b', c', d'—变形轴的轴心线；a, b, c, d—校直轴的轴心线

用表面敲击法校直曲轴时，先将曲轴支承在 V 形铁上，根据曲轴弯曲的方向来确定敲击的部位与方向。当曲轴弯曲的方向与轴颈平面重合时，可按图 5-42 所示敲击各曲柄臂；当曲轴弯曲方向不与轴颈平面重合时，可分别敲击两对曲柄臂。

（3）火焰校直。

火焰校直是将曲轴放置在 V 形铁上，弯曲度拱起来的部位向上，用焊枪的氧化焰在拱起的曲柄臂上加热（大火焰快速加热），待加热处升温至 700 ℃ 左右（呈微红色），停止加热，经 3 ~ 5 s 后，用冷水冷却淬火，待曲轴温度降至室温后，再进行弯曲检查。如仍有弯曲可重新加热校直。如弯曲度已大为减少，加热温度和时间都可减少。对于弯曲度较大的曲轴，可在火焰校直的同时，在轴上施加少许压力，以限制其加热时向上的膨胀。此法不加热轴颈，而只加热曲柄臂，所以效果与表面敲击法相似。

5. 曲轴的修理

（1）对于轴中的油道的修理方法是：卸下所有孔塞；用一根钎子、擦布及清洗溶液清洗所有曲轴中的油道；用清洁的 SAF20W 或 30W 号机油润滑油孔，装回孔塞。

（2）对于轴颈磨损，可用磨削方法修理。

磨曲轴时，在曲轴前端的曲臂上打记号以标明需配装的主轴瓦或连杆轴瓦的准确尺寸，在后端的曲柄臂上打上需装加厚止推环的尺寸和位置。NH/T855 型柴油机曲轴标记如图 5-43 和图 5-44 所示。

曲轴圆角部分精磨后，圆角半径（见图 5-45）应符合表 5-12 中规定。

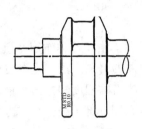
图 5-43　主轴径和图
连杆轴径的尺寸标记

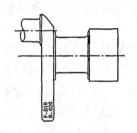
图 5-44　推轴承的尺寸及位置标记
F-010—前端止推环加厚 0.25 mm；
R-020—后端 J 形环加厚 0.51 mm

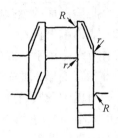
图 5-45　曲轴的圆角半径

表 5-12　圆角半径值　　　　　　　　　　mm

R	r
4.95 ~ 4.37	6.4

5.3.2　轴瓦的检查和修理

轴瓦的检查包括主轴瓦、连杆轴瓦和止推片的检查。

（1）用一带球面测头的千分尺，在轴瓦磨损的位置上测量其厚度尺寸，如图 5-46 所示。

（2）所测尺寸应符合规定范围，超过范围就必须予以更换。

（3）曲轴轴瓦加厚有 0.25 mm、0.50 mm、0.75 mm、1.0 mm 四级修理尺寸。

（4）主轴瓦与连杆轴瓦和曲轴轴颈间必须留有间隙。

经过一个适当的使用期后，正确装配的轴瓦将呈现暗灰色。轴瓦上有亮区说明金属与金属直接接触，间隙过小；轴瓦上有暗区（黑的斑点）表明间隙过大。

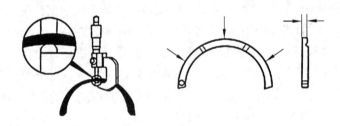

图 5-46　轴瓦的测量

5.3.3　减振器的检查和修理

1. 橡胶元件减振器

（1）检查减振器的金属零件和橡胶元件是否有开裂或其他损坏。

（2）检查减振器轮毂和惯性元件上的标记线是否对齐。如果两线不对准，偏差大于 1.59 mm 时，则减振器应报废。

（3）检查惯性元件轮毂是否对准。元件的平面与轮毂的安装面必须对准，偏差应在0.63 mm 以内。

（4）惯性元件的外径必须与轮毂导向孔同心，偏差应小于 0.76 mm。

2. 黏性减振器的检查与修理

（1）检查减振器安装法兰处是否有裂纹。检查减振器毂体上是否有凹陷或凸起，如果零件损坏必须更换。

（2）查明减振器上标记，记录生产日期和代号等信息。

3. 测量减振器厚度值

（1）在减振器两侧上刮去箭头所指的 4 个地方的油漆（见图 5-47）（注意：除漆时不可用粗纱布或刀刮，应该用清洗溶剂或细纱布）。用千分尺在这 4 个地方测量减振器厚度 X，测量点选在离外径约 3.18 mm 处。

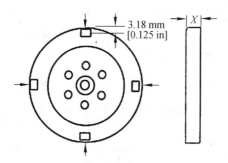

图 5-47　测量减振器厚度 X 值

（2）如果这 4 个地方中有任何两个地方厚度差超过 0.25 mm，或者厚度超过规定值时，则应予以报废。

4. 检查减振器液体泄漏

（1）将裂纹探测显像液（裂纹探测器包括检查裂纹所需的清洗剂、渗透剂和显像剂）喷射到减振器的滚压唇边处。

（2）将减振器放到温度为 93 ℃ 的烤炉内，放时应将滚压唇边朝下对着烤炉的底部（见图 5-48），在炉内保持 2 h，检查滚压唇边处是否有液体流出，如发现有液体渗出，必须更换减振器。

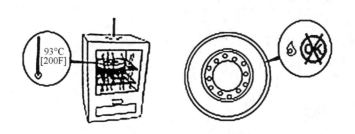

图 5-48　减振器泄漏检查

5.3.4 飞轮的检查和修理

飞轮常见的损坏主要是齿圈的磨损、打坏和离合器接触的工作面磨损，而飞轮壳的损坏主要是与变速器结合平面不平有关。因此在进行内燃机大修时，应检查飞轮和飞轮壳的磨损，并根据实际情况进行修复。

1. 齿圈的修复

齿圈与启动机齿轮在启动内燃机时会发生撞击，或因两者牙齿啮合不良，因而造成牙齿的磨损和损坏。

如果齿圈牙齿单面磨损时，可将齿圈翻面，继续使用；如果个别牙齿损坏时，可继续使用；如果齿圈两面均严重磨损超过30%以上或牙齿损坏连续4个以上时，可堆焊修复或换新。

2. 飞轮工作面的修复

当工作面磨损成波浪形或起槽，深度超过 0.5 mm 时，应光磨（或在车床上精车后磨光），但经过修理后，飞轮厚度一般不低于新飞轮的 2 mm，波浪形深度不超过 0.5 mm 时，允许有不多余两道的环形沟痕存在，但应消除毛糙。

3. 飞轮圆周跳动量的检查调整

将千分尺安装到磁性表座上，旋转飞轮一周，在 4 个等距离的点上，测量飞轮端面跳动量，如图 5-49 所示。

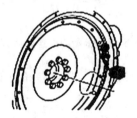

图 5-49 测量飞轮的跳动量

测量曲轴中心到百分表测量头之间的距离，该距离乘以 0.025 mm 即得到允许的最大端面跳动量值。规定的最大跳动值为 0.13 mm，如果不在此范围内应进行调整。

5.4 配气机构的修理

配气机构的修理重点为凸轮随动臂组件、推杆、摇臂室组件、气门组件的修理。以下维修数据仍以康明斯 N 系列柴油机为例。

5.4.1 气门组的维修

气门组零件的主要损伤有气门的磨损，气门座的烧蚀，气门座的断裂，气门弹簧断裂、变形或弹力不足。气门的损伤部位如图 5-50 所示。

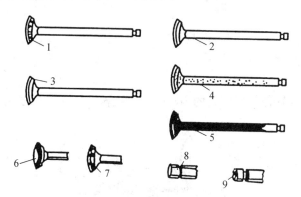

图 5-50 气门的损伤部位

1—划痕；2—气门杆外径磨损；3—气门工作面磨成沟；4—生锈成麻点；5—大量积炭和漆膜状沉积物；
6—气门头下陷；7—气门工作面烧伤；8—锁片槽磨损；9—气门端磨损

1．气门检修

（1）清洗气门后，检查气门头部是否损坏。如发现气门头有翘曲、裂纹、凹坑或已磨薄到不能再重磨时，则应更换。

（2）测量气门头外径处的厚度，最小应为 2.67 mm。

（3）检查和测量气门杆外径。如杆部损伤或外径直径小于 11.405 mm 时，则应报废。

（4）检查气门杆锁片槽部是否磨损。气门卡环与槽应紧配合，如槽磨损卡环松动时，则应报废气门。

（5）如气门座面密封试验时有渗漏，则可研磨使之密封。磨削的气门锥面应与气门水平面成准确的 30°。如气门有裂纹或其他损伤时，则不能再修。

2．气门座检修

（1）用木锤或橡皮锤敲击靠近气门座圈的气缸盖处，检查气门座圈是否松动。如果气门座圈配合很松、弹跳，应更换座圈。

（2）检查座面宽度[见图 5-51（a）]。N 系列柴油机的座面宽度最小为 1.59 mm，最大为 3.18 mm。

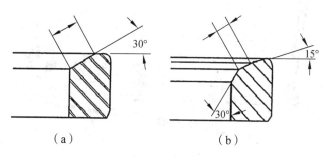

（a） （b）

图 5-51 气门座面的宽度

如果气门座面宽度不在规定的范围内，可在其内径或外径上除去一些表面金属以减小座面的宽度。如果用磨削的方法不能得到规定的座面宽度时，就必须更换气门座，如图5-51（b）所示。

更换气门座圈时用专用工具拆卸已报废的气门座圈，也可以用凿子使座圈开裂后取出。取出座圈后用专用工具修刮气门座圈孔，并检查伸入到气门座孔的裂纹。如果裂纹已延伸到座孔底部，必须更换气缸盖；如果有很小的裂纹，可以用机械加工的方法除去，可以把座圈孔加大到修理尺寸。气缸盖气门座孔的内径和深度的测量方法如图5-52所示。

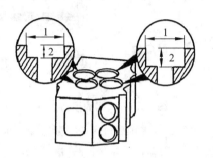

图 5-52　气缸盖气门座孔测量部位

1—孔径；2—孔深

安装有涡流挡板的进气门座，在安装涡流挡板时要确认涡流挡板的定位舌与气缸盖V形切口上的孔对齐。

某些柴油机不要求安装涡流挡板，不要求装涡流挡板的柴油机，必须装一块镶座隔板。装气门座圈时，使用一手扳压力机（或圆形冲头），将气门座圈镶入气缸盖相应的座孔内。

磨削气门座，用专用的气门座磨削机，将气门磨削到30°（进、排气门角度相同）。

3. 气门座的铰削过程

气门座的工作面如磨损变宽，超过一定程度或工作面有较严重的烧蚀、斑点及凹陷时，应进行铰削或修磨。若已决定更换或铰削气门导管，应先进行此项工作后，再铰削气门座，以免影响气门杆与导管的同心度。

气门座的铰削，通常用气门座铰刀控制。铰刀的角度分为30°、45°、75°、15°四种。30°和45°铰刀又分为粗刀和细刀两种，如图5-53所示，其铰削工艺如下：

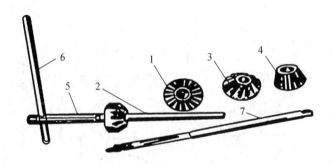

图 5-53　气门座铰刀

1，3，4—铰刀；2—导杆；5，6—铰刀把；7—导管铰刀

（1）铰刀导杆的选择与固定。根据气门导臂的内径，选择相适应的铰刀导杆，并插入气门导管内。调整铰刀导管与气门导管孔表面紧密贴合。

（2）砂磨硬化层。如气门座工作面有硬化层，在铰削时，往往使铰刀打滑，遇此情况，可用粗砂布垫在铰刀刃部进行砂磨，砂磨后再进行铰削。

（3）铰削。根据气门座工作面损伤的情况和不同角度，选择不同粗细刀刃和角度的铰刀套在导杆上（如 135 系列柴油机，进、排气门则可选 45°的铰刀），即可进行铰削。铰削时，铰刀应正直，两手用力要均衡，直到将烧蚀、斑点等缺陷铰去为止。

（4）试配与修整接触面。经铰削后，应用光磨过的气门进行试配。要求接触面应在气门斜面的中下部或中部，工作面宽度应符合要求；否则应进行修整。如接触面偏上，应用 15°铰刀铰削，使接触面下移；如接触面偏下，可用 75°铰刀铰削，使接触面上移。

（5）精铰。最后再用 45°（或 30°）的细铰刀或者在铰刀刃部垫以细砂布再次修铰或砂磨气门座工作面，以提高接触面的光洁度。

在气门座铰削中，会出现接触面的宽度已合适，但接触面的部位不在中下部或中部而是在上部。如果这时用 15°铰刀铰上口时，接触面将变窄，为了加宽接触面，用 45°（或 30°）铰刀铰过后，气门座的口径将扩大，这将导致气门接触面更向上移，所以这时的接触面如距气门工作面的上沿有 1 mm 以上，则允许使用。否则将影响充气效率和气门弹簧张力以及气门头部的强度，因此应更换气门或重新镶装气门的座圈。

4. 气门导管检修

（1）检查气门导管座孔径。如果座孔不在规定的范围内，应进行铰孔，使用加大尺寸的气门导管。

（2）检查气门导管的类型和安装位置。N 系列柴油机的气门导管伸出气缸盖的高度为 32.26 ~ 32.51 mm。

（3）检查气门导管内孔直径。如 N 系列柴油机磨损大于 11.56 mm 时，应更换导管；如气门导管有裂纹、碎裂和出现磨损的台肩时，应更换导管。

（4）用专用工具将导管压入气缸盖的相应导管座孔，并按规定的尺寸铰削内孔，以保证与气门杆间有合适的间隙。N 系列柴油机的气门导管内孔径为 11.511 mm。

（5）气门弹簧太软会造成气门跳动，使气门与气门座加速磨损，也会破坏气门正时和可能使气门与活塞顶相碰。检查与处理的方法是：用气门弹簧检验器检查弹簧的长度和弹力，N 系列柴油机应符合表 5-13 的要求，否则弹簧应报废。当气门和气门座总共磨去 0.76 mm 时，在气门弹簧下面需装垫片，垫片不可超过 2 个。

表 5-13 气门弹簧数据

近似自由高度/mm	工作高度/mm	压力/N	
		最小	最大
74.17	44.83	155	189
68.20	43.79	147.25	162.75

5.4.2 气门传动组零件的维修

1. 气门传动组零件的主要损伤

气门传动组零件都是运动件，因而即使在正常运行中各零件也要产生磨损。其磨损主要有凸轮轴支撑轴颈、凸轮、衬套的磨损，凸轮随动臂的滚轮、衬套、滚轮销的磨损，摇臂衬套丁字压板磨损，凸轮轴及推杆弯曲及扭曲变形等。

2. 凸轮轴检修

（1）检查凸轮轴的凸轮型面和轴颈处是否有裂纹、擦伤或其他形式的损坏，如图 5-54 所示。

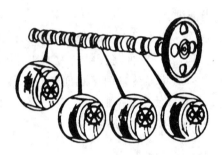

图 5-54 凸轮与轴颈的损伤

（2）检查凸轮轴齿轮是否有裂纹、齿的断裂或齿面凹坑的损伤（见图 5-55），如果零件已损坏就必须更换。

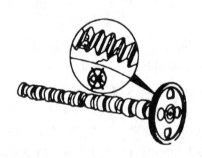

图 5-55 凸轮轴齿轮的损伤

（3）检查凸轮轴的端隙是否为 0.15～0.33 mm。如果端隙不在规定范围内，就应拆卸齿轮更换垫片。

（4）用千分尺测量凸轮轴颈。NT855 型柴油机凸轮轴颈，2 in 轴颈凸轮轴为 50.70 mm；2.5 in 轴颈凸轮轴为 63.37 mm，如小于这个数值则应更换凸轮轴。

（5）用磁力探伤法检查凸轮轴是否有凸轮裂纹、刮伤等损伤。有以下情况时凸轮轴不能使用：在整周圆方向有裂纹；在图 5-56 所示的黑色或阴影的区域有裂纹或损伤；有长度超过 6 mm 的裂纹；有离边缘距离近于 5 mm 的裂纹或损伤；在一个凸轮型面上有多于两处以上的裂纹或损伤。

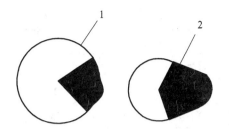

图 5-56　凸轮损伤显示

注意：凸轮轴经磁力探伤后，必须完全退磁，消除磁性，并彻底清洗后才能使用。

3. 凸轮从动件检修

用千分尺测量从动轴外径。NT855 型柴油机从动轴外径，其值应为 19.012～19.02 mm。如果从动臂轴损坏或外径小于 19.00 mm，应予以更换。然后检查从动臂衬套有无刮伤、点蚀或划痕。用内径千分尺检查衬套内径。N 系列柴油机衬套内径值应为 19.053～19.078 mm。如果大于 19.10 mm，应予以更换。

对于 N 系列柴油机从动臂盖，应检查从动件盖的闷塞孔边缘有无锐边或刻痕，如在卸下闷塞时产生了明显损伤，可用砂纸放在钢棒上擦净该孔，在此孔进入端的四周加工成小的圆弧，这就有利于安装闷塞而不致损伤密封面；然后检查滚轮是否有损坏，是否转动灵活。拆下滚轮销、滚轮，用磁力探伤法检查从动臂有无损坏；最后检查滚轮，用一个小的内径千分尺，测量滚轮内径（见图 5-57）。N 系列柴油机的滚轮尺寸如表 5-14 所示。

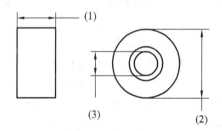

图 5-57　检查滚轮尺寸

（1）—滚轮宽度；（2）—外径；（3）—内径

表 5-14　滚轮尺寸 mm

测 量 部 位	最　大	测 量 部 位	最　大
气门滚轮宽度（1）	17.07	外径（2）	41.28
喷油器滚轮宽度（1）	25.22	内径（3）	19.18

滚轮外径与内径孔的同心度误差应为 0.05 mm。测量从动臂销孔内径和滚轮销外径（见表 5-15）。从动臂销孔与滚轮销过盈量为 0.005～0.038 mm。从动臂有任何损坏或磨损超过规定尺寸，均应更换。

表 5-15　凸轮随动件尺寸（新品）　　　　　　　　　　　　　　　mm

测量部位		2 in 轴径凸轮轴机型			2½ in 轴径凸轮轴机型		
		磨损极限	最 小	最 大	磨损极限	最 小	最 大
从动臂外径		19.00	19.012	19.02	19.00	19.01	19.02
随动臂衬套内径		19.10	19.053	19.078	19.10	19.053	19.078
喷油器凸轮滚轮	内径	12.83	12.78	12.80	17.91	17.86	17.88
	外径	31.71	31.72	31.77	31.71	31.73	31.76
气门凸轮滚轮	内径	12.78	12.713	12.738	12.78	12.773	12.738
	外径	31.70	31.72	31.75	31.71	31.73	31.76
滚轮销直径	气门	12.62	12.687	12.70	12.62	12.692	12.70
	喷油器	12.62	12.674	12.70	17.70	17.772	17.780
滚轮销孔直径	气门		12.674	12.692		12.674	12.687
	喷油器			12.692		17.795	17.772

4. 推杆检修

（1）用圆弧样板检查推杆球头端，球头半径应为 5.72～5.88 mm。如球头损坏或半径小于 5.72 mm 时，推杆应更换。

（2）用新的摇臂调节螺钉的球头检查推杆球座，也可以用 12.70 mm 直径的检查钢球来检查球座。在检查钢球或调节螺钉球头时，其上边应涂一层蓝油后放入推杆球座中，转动 180°。如果球座损坏或与球头接触面小于 80 %时，则应更换推杆。

（3）检查推杆是否失圆。如果推杆失圆度大于 0.89 mm 时，则应更换。

（4）检查推杆有无弯曲（偏摆），当推杆安装在球座和球头中心线上时，推杆的偏摆量不应大于 0.625 mm。调整螺钉拧得太紧往往是推杆产生弯曲的原因。

（5）切勿将球头磨损的推杆安装在新的从动臂球座内。

5. 摇臂检修

摇臂的清洗检查和维修方法如下：

（1）用清洗液清洗所有零件。

（2）用压缩空气检查所有油道（包括摇臂轴上的油孔、摇臂体内的油孔）。

（3）用磁力探伤法检查摇臂表面有无裂纹损伤。

（4）摇臂上气门间隙调节螺钉的球窝必须是正确球形。用 6.35 mm 的球形规检查，如螺钉底部磨平，有明显的伤痕或粗糙时，应予以更换。

（5）检查所有螺钉和摇臂螺钉孔的螺纹状态。检查螺钉锁紧螺母处的螺纹有无扭曲，螺钉在摇臂螺钉孔中必须转动自如。

（6）检查喷油器驱动摇臂上的喷油器座与喷油器驱动销是否正确配合，更换损坏的喷油器座。

（7）检查摇臂衬套有无损伤或凹坑，用内径千分表检查衬套内径，其值如表 5-16 所示。

表 5-16　摇臂衬套内径、摇臂轴外径　　　　　　　　　　　　　　mm

项 目	2 in 轴颈凸轮轴机型			2½ in 轴颈凸轮轴机型		
	最小	最大	磨损极限	最小	最大	磨损极限
摇臂衬套内径	28.562 3	28.638 5	28.639 9	28.592	28.639	28.664
摇臂轴外径	28.534 2	28.549 6	28.498 8	28.52	28.55	28.50

（8）如摇臂衬套磨损超过磨损极限，就应当用摇臂衬套心轴压出衬套，清洗衬套座孔并用压缩空气吹干，然后压入新衬套。

（9）进气门摇臂必须在油道钻孔内装一盲孔铆塞 2（见图 5-58），喷油器和排气摇臂则不能在油道钻孔内装盲孔铆钉塞，在摇臂上的油道钻孔必须是敞开的，以便能润滑丁字压板和喷油器驱动销。

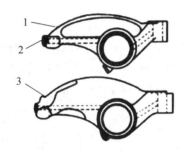

图 5-58　进、排气门摇臂

1—进气摇臂；2—铆塞；3—排气摇臂

（10）检查摇臂轴的磨损及伤痕。由于摇臂在摇臂轴上运动，在轴上产生台肩或凸起时（见图 5-59），应将摇臂轴更换。N 系列柴油机摇臂轴的尺寸如表 5-16 所示。现在用的摇臂轴长为 327.152 mm，过去生产的摇臂轴长为 331.724 mm。过去生产的摇臂轴如果在轴端密封塞处有漏油时，可以把轴缩短到现用长度，但应在轴的两端除去相同长度。

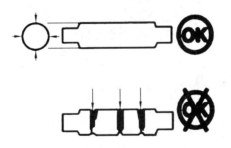

图 5-59　摇臂轴上的磨损

（11）摇臂轴上有 3 个具有相同中心高度的油道钻孔，装配时必须朝向摇臂带有调整螺钉的那一端。在主油道钻孔内的堵塞 4（见图 5-60），必须靠近排气摇臂 1。

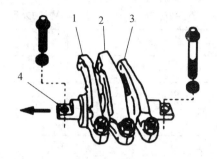

图 5-60　摇臂装在摇臂轴上

1—排气摇臂；2—喷油摇臂；3—进气摇臂；4—主油道孔内的堵塞

6. 气缸盖上丁字尺压板导杆和丁字压板检修

（1）丁字压板导杆。

用外径千分尺测量导杆的外径。N 系列柴油机外径磨损不小于 10.097 mm。检查丁字压板导杆的垂直度，它应垂直气缸盖的加工平面，凡有磨损成弯曲变形的应更换。当需要更换丁字压板导杆时，应用拉力器取出并清洗导杆孔，再把新的导杆压入气缸盖。丁字压板导杆安装后的高度，NT855 型柴油机为 43.688～44.196 mm。

（2）丁字压板。

用磁力探伤法检查丁字压板有无裂纹。检查丁字压板孔径，如图 5-61 所示。如丁字压板孔径磨损已达到 11.18 mm 时，应予以更换。用内孔量规在相隔 90°的 4 个点上测量孔的失圆度。检查摇臂与气门杆接触面的磨损，检查调节螺钉和丁字压板的螺纹是否磨损和损伤，如有损伤应更换新件。

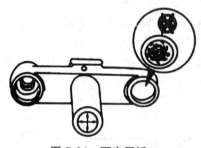

图 5-61　丁字压板

5.4.3　气门组的装配及检查

1. 凸轮轴的装配

凸轮轴的装配方法和步骤如下：

（1）在气缸体后端的凸轮轴孔中装入闷塞，孔径分别为 66.662～66.688 mm 和 68.237～68.262 mm，并用专用工具压入。

（2）在止推环两侧涂一层机油后装到凸轮轴上，注意必须将止推环开槽的一侧朝向凸轮轴齿轮。

（3）缓慢地转动并装入凸轮轴。注意不可损伤凸轮轴和衬套，并将凸轮轴齿轮上的记号"0"与曲轴齿轮上的记号"0"对准。

（4）检查凸轮轴齿轮与曲轴齿轮啮合间隙。新的凸轮轴齿轮与新的曲轴齿轮的正常啮合间隙应为 0.10～0.40 mm，最小啮合间隙应为 0.05 mm。对用过的齿轮，啮合间隙应不大于 0.51 mm。

2. 凸轮从动件的装配

（1）将锁紧销 1 放入滚轮销孔内（见图 5-62），使销上的记号线对准从动臂上的切槽 2。

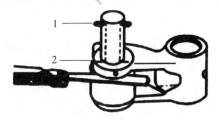

图 5-62　锁紧销上与从动臂上记号对正

1—锁紧销；2—切槽

（2）使用能塞进去的最大尺寸的塞尺或垫片放在随动臂与滚轮之间作为支撑，将滚轮销穿过从动臂和滚轮，取下塞尺，用滚轮销钉固定。

（3）将从动臂和从动臂轴装到从动臂盖上，确保喷油器从动臂位于每一组的中央。应注意，在把从动臂安装到从动臂盖上时，应使推杆座圈和盖上的定位销孔向上。

（4）将一个暂装螺钉装到轴上（这里使用暂装螺钉是为了防止固定螺钉损坏，由于轴与从动臂盖紧密配合，在打入轴时，螺钉可能损坏）。

（5）在从动臂盖两端孔中涂一层薄密封油再装上闷塞。闷塞应与孔的边缘平齐或低于孔缘 0.25 mm 以内。

（6）拆出暂装螺钉，将锁紧螺钉装入轴内。

（7）凸轮从动臂有一个可更换的推杆球窝。球窝如损伤或过度磨损时，必须予以更换。用一根新推杆的球头涂蓝检查，接触面积必须达到 80%，必要时更换球窝。

3. 丁字压板及气门组件的装配

（1）装入气门镶座（涡流挡板）、进排气门、气门导管。

（2）分别装入气门弹簧下座、气门弹簧、气门弹簧上座。

（3）用专用工具装上气门锁片。

（4）装上导柱。

（5）装上丁字压板。

4. 摇臂室的装配

（1）放入各推杆。

（2）将气门摇臂组件、喷油摇臂组件、排气摇臂组件装入摇臂轴。

（3）用摇臂轴固定螺栓固定摇臂轴。

5. 配气定时的检查与调整

柴油机的配气定时，出厂说明书中都有明确规定。内燃机的常见配气相位如表 5-17 所示。

表 5-17 内燃机的配气相位

气门	进气门		排气门	
开关时间	开（上止点前）	关（下止点后）	开（下止点前）	关（上止点后）
非增压	8°～20°	30°～55°	40°～60°	10°～20°
增压	50°～80°	40°～65°	45°～65°	45°～65°

（1）配气相位的检查。

取下气门罩盖，找出飞轮圆周上的上、下止点刻线与箱体刻线；慢慢转动飞轮，使活塞刚好压缩上止点位置，安装好百分表支架和表头，使百分表的触头垂直接触在排气门弹簧座上，并保持一定的压力，其大小以百分表上的小指针在 1～2 之间为宜，同时转动表盘使百分表的大指针对"0"；在飞轮上装一个角度盘，慢慢转动飞轮，注意百分表指针的变化，当其离开"0"值时，为排气门开启时间，此时将角度盘指针调到"0"，继续转动飞轮，当其下止点刻度对准箱体刻线时，角度仪指针所指示的角度值即为排气门在下止点前开启的角度。继续转动飞轮，当百分表指针回到"0"位时，为排气门关闭时刻，此时角度仪指针所指角度值即为排气门开启延续角。用同样的方法可以检查进气门的开闭时间及开启延续角，如图 5-63 所示。

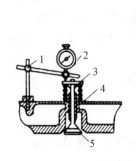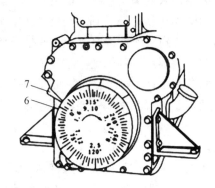

图 5-63 配气定时的检查

1—表架；2—百分表；3—弹簧座；4—气缸盖；5—气门；6—刻度表；7—指针

配气相位检查时，一般只需检查第 1 缸的气门，其他各缸靠凸轮轴保证。配气定时的检查结果应符合内燃机说明书规定，一般最大允许误差不应超过±6 mm。

经过上述方法的检查，如果配气相位与规定不符时，应首先检查定时齿轮（凸轮轴传动齿轮）的安置位置是否正确；其次检查齿轮的啮合间隙是否符合规定，凸轮表面是否有严重磨损等现象。如不符合规定，必须重新调整或更换新零件后再重新检查配气相位，直到符合要求为止。配气相位误差不是很大时，可通过调整气门间隙来达到配气相位的要求。但用这种方法调整后，各气门的气门间隙应该仍在规定的范围之内。

（2）配气相位的调修。

配气相位不准，可在气门标准间隙内适当改变气门间隙，以弥补配气相位，使内燃机的动力性、经济性得以改善。对于某些内燃机仅仅由于气门间隙过大，而造成配气相位减少，若将气门间隙调至标准值，一般就能恢复配气相位；如果因凸轮磨损而造成配气相位角减小，只能用更换配气机构凸轮轴等有关零件解决。

5.5　柴油机燃料系统的修理

5.5.1　喷油器的检修

1. 拆前检查

喷油器从柴油机拆下后，应将进油接头用螺盖旋封好（或用清洁的破布包好，避免杂物进入喷油器油道），然后拆检。拆检前，喷油器外表应清洗干净，并作如下试验：

（1）检查喷油压力及密封试验。

（2）检查喷油油束和雾化、试验喷射油雾的锥角，如图5-64所示。

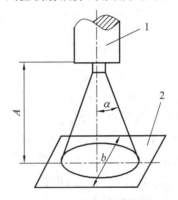

图 5-64　检查喷雾锥角

1—喷雾器喷油头；2—纸或金属网

（3）检查油孔是否阻塞，喷嘴尖端有无裂纹。

（4）检查喷油器回油接头与喷嘴螺套接头处试压过程中是否漏油。

（5）准备好相应数量的小盆子，以便存放拆下的零件。

喷油器性能的检查要在专用试验台（喷油器试验器）上进行，如图5-65所示。

喷油器试验器可检查的内容如下：

（1）密封性：测量油压下降一定值时所需的时间；在规定压力和时间内，不能渗油。

（2）喷油压力：调整到标准。

（3）喷雾试验：喷油呈雾状且分布均匀；断油干脆，多次喷油后，喷孔周围应干燥或稍许湿润。

在缺少试验台时，也可就车检查，检查方法如下：

（1）将待查的喷油器与标准喷油器并联安装在高压油管上，启动柴油机，并维持怠速运转。

（2）观察待查喷油器是否与标准喷油器同时喷油，检查喷油压力。

（3）观察喷油器的喷油情况是否符合喷雾试验的要求。

（4）对比检查喷油量。

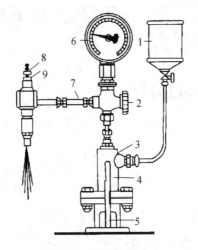

图 5-65　喷油器试验器

1—油箱及滤清器；2—止回阀；3—放气螺钉；4—喷油手泵；5—手柄；6—油压表；
7—高压油管；8—调整螺钉；9—锁紧螺母

2. 拆　检

（1）拆洗。

先把喷油器体夹在台虎钳上（喷油嘴朝上），拧松并卸下连接喷油器体和喷嘴的锁紧螺母，取下喷油嘴，松开台虎钳，使调压弹簧护帽一端朝上，如图 5-66 所示。将喷油器体重新夹于台虎钳上，松开护帽，并相继取出调压螺钉、弹簧座、弹簧及推杆等零件，如果进油管接头处滤油器阻塞，还要松开进油管接头，取出滤油器；将拆下的零件置于轻柴油（或煤油）中清洗，针阀副精度较高，要用铜丝刷刷洗密封锥面和喷孔处的积炭；针阀体上的喷孔和油道，应按其直径大小选用精细适当的钢丝疏通清洗；如针阀卡死，阀的端部因过热而呈蓝色或阀座处有严重刮伤，应舍弃。

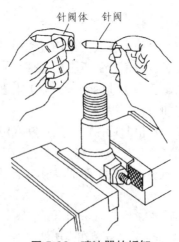

图 5-66　喷油器的拆卸

在清洗过程中，应注意不得将各喷油嘴的针阀和针阀体相互混乱。如针阀在针阀中咬紧不能拔出时，应在柴油或汽油中浸泡 1～2 h 后再拔，如图 5-67 所示。严禁乱敲乱打，否则会把针阀的反锥体打平。清洗完毕后，针阀尾部提起 2~3 mm，应能自由徐徐落到底。

喷油嘴端面处有积炭，可用薄铜片或木片刮除，如图 5-68 所示，严禁使用坚硬尖锐的工具，以免划伤其工作表面。

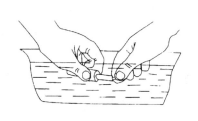

图 5-67　喷油嘴的清洗

图 5-68　清除喷油嘴头部积炭

（2）零件检查。

喷油器体与喷嘴接合平面处不得有刮伤或锈迹；调压弹簧自由长度不得少于规定长度的 5%，其上、下环面应平正，弹簧内外表面不得有生锈或裂纹（超过规定长度、有裂纹或两端平面严重歪偏的弹簧，应予以换新）；进油口接头处的油滤器如为缝隙式，须检查清除污物，如有损坏了的金属网式滤清器，则应换新；推杆上、下端应平整光滑，杆体必须直（弯曲度偏差应小于 0.03~0.05 mm）。

喷油器针阀和阀体的检查内容是：阀杆表面应平顺光滑，且有光泽，不允许有明显的划痕或局部色变；针阀头部锥度处与阀座配合的密封圈带（其宽度一般小于 0.6 mm）应为发光的闭合圈；阀体上端面应清洁光亮，阀孔表面无明显的磨损、擦伤、色度等痕迹；在放大镜下观察，密封座光亮闭合圈应无明显凹位；将清洁后的针阀从喷嘴内拉出 1/3，并使阀体倾斜 45°，此时针阀应能靠自重无阻碍地回到阀座上。

针阀与喷嘴的严密性需试压检查：室温为 18~25 ℃ 时，用恩氏黏度（°E）为 1.2~1.67 的 0 号轻柴油检查喷嘴偶件的严密性（方法是用高于各种喷油器标准压力 50% 的值加压试验，计算从加压到降至原标准压力所需的时间，密封性要求延续时间应在 10 s 以上）。

3. 修复喷油器

经修理可继续使用的喷油器零件，应按修理工艺细心修复。

修复内容主要有下列几项：

（1）若喷油器体接头或调节螺钉的螺纹损坏，可用板牙或丝锥修复。若有两个以上的螺牙损坏，则此零件应予以报废。

（2）推杆弯曲度超过规定值时，应放在平板上，用紫铜锤轻轻敲击，加以校直。推杆上、下端面凹凸不平时，要用油石修理。

（3）当针阀体与接合的喷油器体端面有较小损伤、锈迹或斑纹时，可将此端面置于特制的、具有交叉沟槽（槽深 1~1.5 mm）的铸铁研磨板上研磨。研磨膏用氧化铝磨膏或粒度为 0.001~0.007 mm 的细研磨膏。由于喷油体长度较大，重心不好掌握，操作过程中应经常换向，并成"8"字形交错研磨，防止偏磨或歪磨，此方法也适合止回阀的研磨，如图 5-69 所示。

磨膏不能过量，工件磨过数次后，即可放入小油盘中用毛刷清洗，并用绸布擦净检查。

为提高工件表面光洁度，在按"8"字形研磨后，还要直磨（细密）若干次。掌握得好，表面粗糙度可达 0.1 μm。研磨后的喷油器体应精心清洗。若端面装有定位销，研磨前应小心地将其拔出。

图 5-69 "8"字研磨修复法

（4）当喷油嘴喷孔磨损变大或失圆时，可采用缩孔的办法修理。缩孔的方法是将针阀座放在平台上，喷孔朝上，在喷孔中央放一个钢珠，钢珠直径应为喷孔直径的 2~3 倍（即喷孔为 1 mm 时，用 3 mm 钢珠；喷孔为 1.5 mm 时，用 4 mm 钢珠；喷孔为 2 mm 时，用 6 mm 钢珠）。钢珠放好后，用小铁锤轻轻地敲击 1~2 下进行缩孔。在缩孔时，要边敲边试配，边测量喷孔的收缩程度，以免喷孔过度缩小。缩孔后应进行研磨，以加强针阀的密封性。

（5）针阀夹死的喷油嘴，应该更新。但若稍加用力转动，即能拔出针阀的喷油嘴，可按常规工艺修复。

5.5.2 喷油泵的检修

1. 喷油泵的一般检修

（1）外部检查。

① 观察泵体有无裂纹或可能导致漏油的损伤。

② 检查出油阀压紧座处有无漏油痕迹。

③ 检查凸轮轴转动是否灵活。

④ 拆开检查窗盖，检查喷油泵内部是否积水。

⑤ 检查泵体内机油是否被柴油严重污染或变质。

⑥ 检查柱塞套筒周围及输油泵与泵壳间是否漏油。

（2）喷油泵零件检查。

① 检查喷油泵壳体有无损坏或裂纹。

② 检查凸轮轴端锥面和螺纹有无毛糙或损坏。

③ 检查凸轮轴上的凸轮有无损伤、变形或严重磨损。

④ 检查凸轮轴是否弯曲变形。

⑤ 检查凸轮轴轴向间隙。

⑥ 检查滚轮体和滚轮有无磨损或损坏情况。

⑦ 检查滚轮体与导孔的配合间隙。

⑧ 检查柱塞弹簧有无变形或折断。

⑨ 检查油量调节有无变形及配合状况。

油泵壳体不应有裂痕、毛刺，伤痕要修除干净。泵体肩胛平面（装柱塞偶件）密封应平整光顺，不能有划痕、毛刺或凹陷。若损伤不严重，允许通过磨合消除缺陷，然后垫上适当厚度的黄铜垫圈。组合式喷油泵滚轮体组件与泵壳孔的配合间隙一般为 0.03 ~ 0.08 mm，极限为 0.15 mm。间隙过大时，可将滚轮套磨平后镀铬，单边层厚皮一般不超过 0.15 mm；单体式喷油泵滚轮体组件与泵壳孔的配合间隙最大不得超过 0.15 mm。如果超过此值，则应更换零件或镀铬修复。滚轮与销子的径向配合间隙一般不大于 0.05 mm，调整螺钉的六角头上平面有凹陷时，应当磨平，但凹陷量超过 0.20 mm 以上时，应更新。

柱塞弹簧应平直，表面不应有裂纹、剥层和锈蚀等现象。弹簧总长度（L）与垂直度允差的关系是：$L \leqslant 70$ mm 时，垂直度允差小于 1 mm；$L > 70$ mm 时，垂直度允差不大于 2 mm。弹力试验时的偏差值应不大于25%。出油阀弹簧的检查方法同上；超过规范的弹簧应更新。

油量调节齿条和齿环的啮合齿隙如前述。调节齿条与泵壳的配合间隙一般为 0.03 ~ 0.08 mm，极限为 0.12 mm。齿条端销子与销孔之间的间隙为 0.015 ~ 0.03 mm，超过此值时，应换新件。

凸轮轴（或喷油凸轮）各凸轮表面如已磨损，宜磨平抛光。

凸轮轴两端滚珠轴承（或圆锥滚子轴承）的滚珠（或滚柱）表面不得有凹损、剥脱等缺陷。间隙过大时，要换新的。轴承内套和轴颈系过渡配合，若松动超差时，可用滚花、镀铬、镶套等办法修复。凸轮轴的轴向间隙一般为 0.15 ~ 0.25 mm，可用调整垫片调整。凸轮轴两端的阻油圈磨损时，应磨光或加套。

组合式喷油泵凸轮轴的挠曲度应小于 0.05 mm。

2. 柱塞副的检修

柱塞副不允许有磨痕、损伤、蚀点等缺陷。

（1）柱塞偶件的磨损特征。

柱塞偶件的磨损主要集中于柱塞头部、过梁处、停供边及柱塞的进回油孔处，如图 5-70 所示。

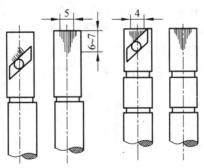

图 5-70 柱塞偶件的磨损

① 柱塞头部的磨损特征：此处的磨损最大，在接触面上有上深下浅、上粗下细的沟痕，磨损处呈乳白色，在光照下尤为明显。沟痕最大深度可达 0.023 ~ 0.025 1 mm，最大宽度为 4 ~ 5 mm，长度为 10 mm 左右。

② 柱塞头部过梁处的磨损特征：此处的磨损较柱塞头部小，多呈梳状不深的细沟纹，同样上深下浅，上粗下细。

③柱塞停供边的磨损特征：从斜槽上边缘向上磨损逐渐减小，磨损度为 5 mm 左右，呈乳白色，同时停供边的棱被磨钝变圆。

④柱塞下部台肩的磨损特征：此处磨损很小，仅在台肩圆周上有短细纹。

⑤柱塞套的磨损特征：磨损主要在进、回油孔附近，且进油孔处比回油孔处大。进油孔的磨损部位在沿孔的中心线附近，上部磨损从孔上边缘开始向上延伸 6~7 mm，深 0.024~0.027 mm，下部从孔下边缘开始向下延伸 4.5 mm，深 0.015~0.017 mm，磨损宽度较孔直径的大。

回油孔附近表面的磨损主要在左边，宽 2~2.5 mm，向上延伸 2~3 mm，向下延伸 4~5 mm，孔右边磨损很小。单孔柱塞套进、回油孔的磨损集中在一起。柱塞副偶件磨损后，将发生供油压力下降，供油量不足、不均匀，供油时间落后等不良影响，如图 5-71 所示。

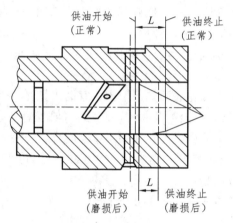

图 5-71 柱塞副偶件磨损的影响

（2）柱塞偶件的检查。

对于柱塞偶件的鉴定，首先是用目测进行一般性检查，看有无明显的缺陷，对合格或无法确定者，再通过试验作进一步鉴定。

①目测鉴定：用肉眼看柱塞的头部、停供边周围或柱塞套油孔周围，是否因磨损而呈乳白色，用指甲刮有明显感觉，柱塞套是否有锈蚀、裂纹，柱塞顶端或停供边是否有剥落等。

②密封性试验：用简易真空法，用右手食指盖住柱塞顶部孔，左手将柱塞慢慢向外拉出，此时右手食指应感到有吸力，当拉到约有柱塞全长 2/5 时，很快松开柱塞，此时柱塞在真空吸力的作用下迅速回到原位置，说明此柱塞可继续使用。否则，应换新件或待修复，如图 5-72 所示。

图 5-72 密封性试验

③变压法试验：可用喷油器试验器试验，将柱塞偶件装入喷油泵体、出油阀座及其他零件，不装出油阀及出油阀弹簧，拧紧出油阀座，将喷油泵的出油阀座端接到喷油器试验仪的高压油管接头处，使柱塞处于最大供油位置，压喷油器试验仪的手压杆，使油压升至 22.5 MPa

时，停止泵油，测定油压从 19.6 MPa 降到 9.8 MPa 所需的时间，其值应为 16 ~ 29 s，否则即为不合格。

滑动性配合试验方法是把柱塞置于 0 号或 10 号轻柴油中清洗（柴油温度为 20 ℃。柱塞副与水平位置成 45°角时，抽出被包容偶件长度的 1/3，放手后，柱塞能靠自重自由下滑，不得有卡阻现象，如图 5-73 所示。

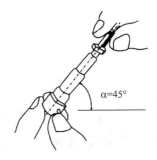

图 5-73　滑动性配合试验图

柱塞套承压平面和出油阀底座平面如有较小的损伤、锈迹或斑纹时，研磨方法与喷油嘴针阀体端面相同。

柱塞副的简单修复法有如下两种：

① 去顶法。在保证柱塞副顶部与轴心线垂直的条件下，用细砂轮机将柱塞头部磨掉 0.5 ~ 1 mm，再用细油石磨光端面。在柱塞装配时，要将调节齿圈向最大供油方向调 2 ~ 3 齿。

② 研磨选配法。此法适应于大量修复同类型的柱塞副。一些表面划伤、拉毛、柱塞套中有阻滞现象的柱塞副偶件，可用细研磨膏涂在柱塞上与柱塞套对磨，研磨时要注意往复运动和旋转运动同时进行。恢复正确几何形状后，按尺寸分组，以柱塞能插入柱塞套 1/4 ~ 1/3 为宜。研磨后要做密封及滑动性能试验，一般只能修复 15% ~ 20%，通常要对柱塞先镀铬加大尺寸，再用此法。

3. 出油阀组的检修

（1）出油阀偶件的磨损特征。

出油阀偶件的磨损主要集中于密封锥面、减压环带、导向部分和出油阀座，如图 5-74 所示。

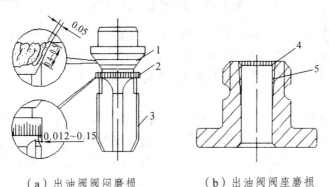

（a）出油阀阀冈磨损　　　　　（b）出油阀阀座磨损

图 5-74　出油阀偶件磨损部位

1—密封锥面；2—减压环带；3—导向部；4—支撑密封斜面；5—导向孔

① 密封锥面的磨损特征：此处磨损较大，使阀座密封环带宽度增加，粗糙度增加；在出油阀锥面上则出现环沟，深度约为 0.05 mm。

② 减压环带的磨损特征：此处磨损较大，磨损后的减压环带呈锥形，上大下小；圆柱表面上遍布沟痕，上浅下深；减压环带的下棱边因磨损而变圆。

③ 导向面的磨损特征：此处磨损较小，磨损后上部较下部大，在出油阀座与出油阀座减压环带相配合的导向部分也有磨损。

（2）出油阀偶件的检查。

① 一般鉴定用肉眼观察，若出油阀偶件有下列缺陷之一者，便不能再使用。

a. 减压环带有严重的磨损痕迹，呈乳白色的轴向划痕，用指甲刮有明显感觉，或减压环带圆周上的轴向刻痕密集到看不出原有表面粗糙度。

b. 密封锥面磨损过多，密封环带过宽，或在密封环带上有塌陷。

c. 出油阀及阀座有锈蚀，或有金属剥落及深的磨料刻痕。

d. 出油阀座下平面严重锈蚀。

e. 出油阀座密封锥面上有明显的环形槽痕，用指甲刮有感觉。

② 出油阀偶件密封性简易试验鉴定。

a. 密封锥面的简易试验鉴定。

用大拇指和中指拿住出油阀座，用食指将出油阀压紧在阀座上，用嘴吸出油阀座下平面的孔，并移到嘴唇，若能被嘴唇吸住，说明密封性能良好；还可将出油阀总成装入油泵体，不装柱塞，从高压油管接头处通入 29.4～49 MPa 的压缩空气进行检查。若不漏气，说明密封性能良好，否则应修理或更换新件。

b. 减压环带的简易密封性能试验鉴定（见图 5-75）。

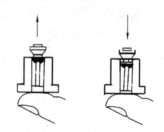

图 5-75　减压环带密封性检查

用拇指抵住出油阀座下平面的孔，将出油阀放入阀座中，用食指轻轻往下按，当减压环带进入阀座时，感到有压缩空气向上的反弹力。当松开食指时，出油阀能反弹上来，说明减压环带与出油阀座孔的密封性良好，否则为不合格，如图 5-76 所示。

c. 压力检查法。

将出油阀置于专用夹具中，然后用高压油管将夹具和喷油器试验仪连接。

密封锥面的检查：拧出调节螺钉，使出油阀落在阀座上。拨动喷油器试验仪手柄向夹具内供油，压力数升至 23 MPa 时停止供油，若油压从 25 MPa 降至 10 MPa 所需的时间大于 60 s 时，表明密封性良好。

减压环带的检查：拧入调节螺钉，使出油阀向阀座顶起 0.3～0.5 mm。然后启动喷油器试验手柄供油，观察油压由 25 MPa 降至 10 MPa 所经历的时间不低于 20 s 时，即良好。

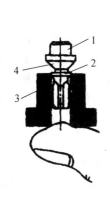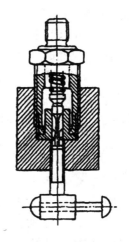

（a）经验法　　　　　　　　（b）油压法

图 5-76　出油阀密封性检查

1—出油阀；2—减压环带；3—出油阀座；4—密封锥面

d. 溢油倒吸法。

拆下高压油管与喷油器接头螺母，将高压管出油口朝上，转动飞轮，出油口有油溢出，迅速倒转飞轮 90°左右，观察油面是否下降，不下降，说明密封良好。

对于新更换的出油阀偶件，还要进行滑动性试验。将在柴油中浸泡过的出油阀偶件取出，拿住阀座，使其保持在竖直位置，然后将出油阀抽出大约阀体的 1/3 即松手，阀体应能在自身质量作用下落到阀座上，再将出油阀转动任意角度试验，结果应相同。

（3）出油阀偶件的修理。

决定出油阀能否继续工作的关键部位是密封锥面。密封锥面有轻微磨损或接触不良时，可在密封锥面上均匀地涂上研磨膏，然后插入阀座中旋转研磨，研磨若干次后，再转换一个方向研磨。注意不要让研磨膏黏在减压环带上。研磨一定时间后，清洗掉研磨膏，再蘸上柴油互研，并将出油阀在阀座上轻拍数次。研磨、清洗干净，再进行密封性能试验。

减压环带、导向柱面等如有轻微磨损，可用细氧化铝研磨膏涂于其上，往复旋转轻敲研磨，然后进行密封性试验；磨损情况严重时，应换新件。出油阀座垫圈严重变形时，应换新件。经检修后的出油阀组应进行密封性试验。

5.5.3　供油提前角的检查和调整

1. 就机检查供油正时

喷油泵固定在柴油机上，可能因为各种情况造成供油正时不准，这时就需要检查供油正时。

（1）摇转曲轴，使 1 缸活塞处于压缩行程（即 1 缸进、排气门都出现间隙），当固定标记正好对准飞轮或曲轴胶带轮上的供油提前角记号时，停止摇转曲轴。

（2）对于有喷油泵第一分泵开始供油正时标记的，检查联轴器（或自动提前器）上的定时刻线标记是否与泵壳前端上的刻线记号对上。若两记号正好对上，则说明供油正时正确；若联轴器上的标记还未到泵壳刻线记号，则说明供油时间过晚；反之，若联轴器上的标记已超过泵壳刻线记号，则说明供油时间过早。

对于联轴器和泵壳前端无刻线记号的，此时应该拆下喷油泵 1 缸高压油管，一人摇转曲轴，当快要到达 1 缸供油提前角位置时，要缓慢摇转曲轴；一人凝视 1 缸出油阀的出油口油面，当油面刚刚向上移动时，停止摇转曲轴，检查飞轮或曲轴胶带轮上的供油提前角刻线是否与其对应的指针对上（为以后检查方便，这时可在联轴器和泵壳上补做一对正时记号）。

2. 装机校准供油正时

柴油机大修和喷油泵检修后重新安装时，必须检查供油正时。

（1）顺时针摇转曲轴，使第 1 缸活塞处于压缩行程上止点前规定的供油开始位置，即固定标记对准飞轮或曲轴胶带轮上的供油提前角记号。

（2）转动喷油泵凸轮轴，使喷油泵联轴器（或自动提前器）上的定时刻线标记与泵壳前端上的刻线记号对准。

（3）向前推入喷油泵，使从动凸缘盘的凸块插入联轴器并与之接合，在拧紧主动凸缘盘和中间凸缘盘的两个螺钉时，应使两凸缘盘上的"0"标记对准，这样可保证柴油机的供油提前角符合要求。

3. 调整供油正时的方法

在检查供油正时时，如果发现供油提前角过小或过大，就要进行调整，常用的调整方法如下：

（1）转动泵体调整。

用正时齿轮和花键轴头直接插入驱动喷油泵，大多用三角固定板或法兰盘与机体相连。三角固定板和法兰盘上分别有 3 个或 4 个弧形长孔。采用上述方法固定喷油泵，如果检查的供油正时不准，只需松开相应的 3 个或 4 个固定螺栓，通过弧形长孔，适当转动泵体来调整供油提前角即可。

调整时，将泵体逆着驱动轮旋向转动一个角度，就可使供油提前角增大；如将泵体顺着驱动轮旋向转动则可使供油提前角减小。

（2）转动泵轴调整。

用联轴器驱动的喷油泵，在连接盘上有 2 个弧形长孔。调整供油提前角时，可松开连接盘上的 2 个固定螺栓，将喷油泵凸轮轴顺着旋向转动一个角度，便可增大供油提前角；逆着旋向转动一个角度，则可减小供油提前角。调整完后，拧紧连接盘上的 2 个固定螺栓即可。

5.6 冷却系的修理

冷却系的作用是保证柴油机在正常的温度 80～90 ℃下工作。试验表明，当冷却水温度降低到 60～70 ℃时，会使气缸套磨损加剧；当降到 40 ℃以下时，气缸的磨损要比正常工作温度条件下增大 10 倍以上。

冷却系主要由水泵、风扇、散热器等组成。在修理时，应着重清洗散热器、缸体水套中的水垢，同时还要修理水泵等。

5.6.1 散热器的修理

散热器的异常主要表现是管道沉积水垢和水管破裂；散热片与散热管堵塞；散热片位移、折皱；散热管裂纹或脱焊而漏水，以及机械损伤等。散热器故障主要表现是漏水和散热不良。

1. 散热器的检查和清理

（1）散热器清洁。

在进行散热器的检查之前，要对散热器内外进行清洗，清除水垢及其他杂物。方法是先拆除节温器，往冷却系加入专用清洗剂和水后，运转柴油机 20 min。待冷却后排出水和清洗剂，再把水流从软管上直接引入散热器，冲洗出松动脱落的水垢。要进行逆向冲洗，即水在压力作用下以与正常流向相反的方向冲洗散热器。

清洗散热器，还可采用拆卸下散热器放入洗涤器中清洗的方法：将洗涤器内加入含有 3 % ~ 5 %的碳酸钠水溶液，并加热到 80 ~ 90 °C；将散热器放入洗涤器中 5 ~ 8 h 后取出；将散热器放入温水池中清洗干净，如水管有堵塞，可用钢钎疏通。

（2）漏水检查。

散热器经常产生漏水的部位是四角和外层水管，可采用下面的方法查明散热器的漏水部位：

① 灌水法。检查时，向水箱内灌注热水，可在破损处观察到漏水痕迹。此法对微小的破裂难以发现，尤其对散热器内部的漏水部位不易判断准确。

② 气压法。检查前，将散热器与上、下水槽连接好（或把散热器与专用密封盖相连接），把水箱浸没在水中，将压力为 1 ~ 1.5 MPa 的压缩空气通入散热器内，经 1 min 左右，有气泡冒出的地方就是破漏部位。如果没有试验台，也可用自行车打气筒代替空压机作上述密封性检查。

③ 对于清除水垢后散热器的漏水检验。将散热器的进、出水管堵塞，然后放入清水池内，用打气筒向散热器注入压缩空气，若散热器有气泡，则说明散热器有渗漏。

（3）其他检查。

如果散热器片有倒伏，应予以扶正，散热器如有扭斜、变形，应压校平整。

检查散热器的紧固情况，散热器应当紧固可靠，前后晃动应无松动现象。散热器与水泵风扇叶片间距离应保持适当。

检查散热器盖，散热器盖与散热器加水管间的密封垫如有损坏应更换。如果发现内燃机出水管被吸瘪，说明散热器盖的进气阀门损坏，应检修或更换散热器盖。

检查补偿散热器的连接管是否有漏气或堵塞现象，发现有漏气或堵塞现象，应予以排除，以防补偿散热器的冷却液回不到散热器内。

2. 散热器的修理

经检查确认漏水的散热器，根据漏水部位和严重程度，可选用以下方法进行修理。

（1）堵管法。

将漏水的芯管上、下两端堵死，使其不参加工作。对于个别芯管无法修复时，允许采用此法，但堵管后将导致散热面积减小，冷却效果降低，因此堵管的数量不应超过芯管总数的10%。

（2）锡焊补法。

散热器渗漏大多数发生在散热管与上、下室间的接触部位，渗漏不严重时，可用锡焊法修理。对于芯管与上、下支撑板连接处开焊，水管的个别部位破漏，也可进行锡焊。将从散热器上卸下来的水管，选择其损坏不严重的，外部用砂布打磨干净，咬口处用划针刮净，用盐酸腐蚀后再用清水洗过，涂上氯化锌溶液进行挂锡（挂锡时，把水管在熔锡中浸一下，马上用棉纱轻轻一擦，即可挂上均匀的锡层）；然后用气压逐根检查，有漏气处进行锡补，即成为复新的水管（注意不要有疙瘩，以免造成装配时困难）。

如管壁有较大的破损，造成施焊困难时，可以剪取比破洞稍大的铜皮进行补焊；对于内层破漏的芯管，也可视被损情况，将临近的散热片拨开后进行锡焊；锡焊无法操作的部位，可用环氧树脂与玻璃丝布包扎。

（3）换管法。

对于损坏严重，或不能用焊补法修复的水管，可更换散热器管。破漏管的拆卸更换工艺为：将散热器固定好，用一根与冷却管内孔尺寸相适宜的扁平铜条置于冷却管内抽拉，以清除水垢。然后将电阻加热器插入冷却管内，采用电热法，使破漏的水管与散热片之间的焊锡熔脱。即将外部涂有水玻璃绝缘层的镍铬电热丝插入到破损的水管中，接通电源（与此同时，用焊炬加热水管上、下端与支撑板的焊接处，使之熔脱），待电热丝两端烧红，并能听到响声时，应立即断电，用钳子迅速将水管沿散热片顺序方向抽出。将表面挂有焊锡的新冷却管插入孔内，将散热片整理好，然后将电阻加热插入冷却管，并接通电源，待冷却管表面的焊锡熔化后即可切断电源；当温度逐渐降低，散热片与冷却管已焊牢固，即可取出电阻加热器。最后焊散热器上、下底板。在更换少于总管数的20%的散热器水管时，允许芯管与散热片间不进行锡焊。

电阻加热器（见图5-77）是利用电炉电阻丝砸成的扁平体，其厚度约为1 mm，长度较冷却管长50 mm，电阻丝表面用云母绝缘并包扎好，最后用紫铜片包扎好。电源可用交流电焊机，也可自制变压器（容量为3 kW，输出电压为24 V）。使用时，使加热器两端与电源接通即可进行加热。

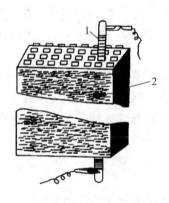

图5-77　电阻加热器

1—电阻加热器；2—散热器

（4）接管法。

首先将管子损坏部分切去，选择两段总长度较原管长 10 mm 的接管，将一管端缩成锥形，另一管端相应扩张，然后把二者套在一起进行锡焊。注意修理后接头处的外径不应大于水管的外径；或者选择两段总长度较原管短 5 mm 左右的管子，再取一段长 10 mm、外径相当于散热器管内径的管子，把它的外表面清理干净，然后将管子套在一起锡焊。

5.6.2　水泵的修理

柴油机上的水泵一般为离心式水泵。常见缺陷有水泵轴、轴承、叶轮、泵壳体、轴承座孔的磨损，以及油封、水封垫圈与橡胶垫圈的磨损等。主要故障是漏水和供水量不足。

1. 水泵的检查

（1）检查泵体及皮带轮有无磨损及损伤，必要时应更换。
（2）检查水泵轴有无弯曲、轴颈磨损程度、轴端螺纹有无损坏。
（3）检查叶轮上的叶片有无破碎、轴孔磨损是否严重。
（4）检查水封和胶木垫圈的磨损程度，如超过使用限度，应更换新件。
（5）检查轴承的磨损情况，可用表测量轴承的间隙，如超过 0.10 mm，则应更换新的轴承。

2. 水泵轴的修理

如果水泵轴磨损不大或有锈蚀时，可用砂纸打磨后继续使用；如果水泵轴磨损较轻、衬套磨损较重时，可更换新衬套，并按水泵轴实际尺寸铰削内孔；如果水泵轴磨损较重时，可进行电刷镀（适于磨损量不超过 0.5 mm）或镀铁（适于磨损量大于 0.5 mm）修理；如果水泵轴弯曲时，应进行校正。

3. 水泵壳的修理

如果水泵壳体与滚动轴承配合松动时，可采用电刷镀铜工艺修复座孔尺寸，或镀镍加大轴承外周来恢复配合关系；如果水泵壳体和衬套配合松动时，可对壳体进行镗削，配制相应加大外径的衬套或进行镶套修理，修后用专用心轴检查前后衬套的同轴度，误差应不大于 0.03 mm。

如果水泵壳体出现裂纹时，可在裂纹两端各钻直径为 2.5 mm 的孔，沿裂纹开 V 形坡口，采用铸铁焊条电焊；也可采用胶补、气焊的方法修理。

水泵壳体平面发生挠曲变形、沟槽或不平时，应予以修复，但其余量很小，车削总厚度不超过 0.5 mm，以保证叶轮与泵盖的间隙。

4. 水封及座的更换和修理

水封如磨损起槽，可用砂布磨平，如磨损过甚应予更换；水封座如有毛糙刮痕，可用平面铰刀或在车床上修理。在大修时应更换新的水封组件。

如果水封漏水，可适当逐渐拧紧水封螺母；若仍然无效，则可能是密封圈或水封碗磨损、橡胶水封碗破裂或水封弹簧失效。如果密封圈和水封碗损坏，应更换水封总成。磨损的密封圈端面可进行研磨，恢复配合平面，密封座面磨损也应研磨平整。

水封填料紧固螺母松动或填料过松而漏水，只要重新拧紧螺母压紧填料即可。此时每转1/6 圈，须检查漏水是否已消除，不可上得过紧。填料由于损耗后过少，拧紧螺母后仍有漏水现象，此时应加添或更换水封填料。方法是按顺时针方向拧松水封螺母，将新填料按顺时针方向紧密地缠在水泵轴上。填料数量不宜过多或过少，以能使水封螺母在后衬套上旋紧 4～5 圈为合适。若无备品填料时，可自己重新配制。用粗 5 mm 的石棉绳编成辫，在机油中浸泡1 min，然后取出拧干。用滑石粉和石墨粉（质量比为 1∶25）配制涂料粉。将浸油的石棉绳滚满涂料粉，这样可使制成的石填料柔和平滑，减轻水泵的磨损。进、出水胶管卡箍应拧紧，胶管腐蚀严重时应及时更换，以防由于检查不慎造成事故。

5. 水泵的换修注意事项

（1）在泵体上具有下列损伤时允许焊修：长度在 30 mm 以内，不伸展到轴承座孔的裂纹；与气缸盖接合的突缘有破缺部分；油封座孔有损伤。

（2）水泵轴的弯曲不得超过 0.05 mm，否则应更换。

（3）水泵叶轮片破裂，通常用堆焊法修复，严重时应予以更换。

（4）水泵轴孔径磨损严重应更换或镶套修复。

（5）检查水泵轴承是否转动灵活或有异常响声，如轴承有问题，应予以更换。

6. 水泵装配技术要求

水泵轴与水泵叶轮的连接应牢固可靠，用手转动皮带轮时，泵轴应无阻滞现象，叶轮与泵壳应无碰击感觉；水封装置应可靠，无漏水现象。将水泵叶轮拨到最前端时，叶轮端面与水泵壳体平面应保持 0.8～1.6 mm 的间隙，以防止在工作中叶轮端面刮壳。然后装于水泵试验台上进行试验，当水泵以 100 r/min 的速度运转时，每分钟的排水量应符合要求。

5.6.3 节温器的检验和更换

（1）节温器的拆卸。

在内燃机处于停机、冷态时，进行节温器的拆卸作业。

将蓄电池负极导线拆下。按规定的程序，把冷却系统的冷却液排放干净。取下散热器的连接管，拆掉出水套管，将节温器取出。

（2）节温器的安装。

节温器的安装程序与拆卸程序相反，但应注意，内燃机大修后的节温器，应使用新的密封垫。安装完毕后，加注冷却液，启动内燃机运转，看是否有渗漏现象。

（3）节温器的检修。

外观检查：检查节温器的阀门，弹簧是否有变形、失效、污物等，如有予以清理或更换。

检查节温器：将节温器置于盛水容器内，逐渐加热，观察节温器始开和全开时的温度，一般良好的节温器阀门在 68～72 ℃ 时开启，在 80～85 ℃ 时完全开启。如果开启温度不符合规定，则应更换节温器，如图 5-78 所示。

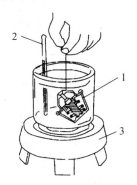

图 5-78　检查节温器性能

1—节温器；2—温度计；3—加热器

5.6.4　风扇的修理

　　风扇的常见缺陷有叶片和叶片架变形、裂纹，以及叶片在叶片架上松动。变形的叶片和叶片架应进行冷校正；叶片有裂纹，可焊修后再加工，保证与其他平面平齐；叶片在叶片架上松动，可重新铆牢。经修理后的风扇应作如下检查：

　　（1）风扇叶片回转摆差的检查。风扇中每一个叶片一侧与其他叶片同侧所构成的偏差，应不大于 1.5 ~ 2 mm。

　　（2）修理后或新装的风扇总成和风扇皮带轮，应进行静平衡检查。检查时，用手推动风扇，使其转动，风扇转到任何位置都能停住。否则，可磨去叶片尾部金属；在叶片架不影响强度的地方钻不透的孔；在风扇皮带轮上钻孔；在叶片的非工作面上焊薄钢板。

5.7　润滑系的修理

5.7.1　机油泵的修理

1. 机油泵的拆卸与检查

　　机油泵是润滑系中的重要部件，它的技术状况直接影响润滑系的正常工作。机油泵经长期工作受到磨损时，将造成泵油压力降低，泵油量减少，以及其他机械故障，机油泵简图如图 5-79 所示。

　　机油泵有外啮合齿轮式和内啮合转子式两种，都属于容积式机油泵。其主要故障是由机油泵零件的磨损，造成机油泵渗漏，供油压力过低。机油泵的端面间隙、齿顶间隙、齿轮啮合间隙、轴与轴承的间隙增大，各处密合面及阀座的密封性和阀门的调整都将影响泵油量和泵油压力。一般机油泵工作的润滑条件好，零件磨损慢，使用寿命长。在修理时，应根据它的工作性能，确定是否拆检或修理。

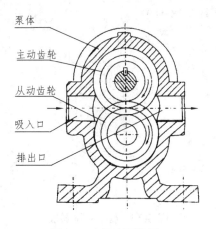

图 5-79　机油泵简图

　　拆下机油集滤器和油管，用厚薄规检查机油泵传动齿轮齿面间隙与机油泵的轴向间隙，如图 5-80 和图 5-81 所示。机油泵传动齿轮齿面间隙磨损极限为 0.20 mm；机油泵轴向间隙磨损极限为 0.15 mm。

图 5-80　检查机油泵的齿间间隙

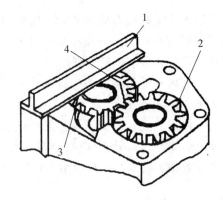

图 5-81　齿轮式机油泵的间隙测量

1—直尺；2—齿顶与泵体间隙；
3—端面间隙；4—齿侧间隙

　　拆下机油泵紧固螺钉，分开泵盖和泵壳，取下衬垫和被动齿轮。如果更换传动齿轮，应用锉刀锉掉传动齿轮横销头部，铣出横销，压下传动齿轮。清洗分解后的全部零件，以便对零件进行检测。

　　（1）机油泵试验调整。

　　机油泵的工作性能指标主要是泵油压力和供油量，有条件者应进行机油泵试验台试验。按试验台说明书接好油路，启动试验台，调整试验台主轴的转速与机油泵工作转速一致。关闭节流阀，利用调节阀提高油路压力。当观察机油泵出油口处的限压阀卸油孔大量喷油，试验台上压力表不再继续上升时，即表明限压阀已全部打开，此时机油压力表的读数即为限压阀的开启压力。调整时，首先将限压阀锁紧螺母拧松，拧入调整螺钉，压力增加；反之，压力减少。调整合适后，拧紧锁紧螺母。

　　（2）柴油机工作时，若机油压力过低或过高时，可做以下检查调整。

① 机油泵内有空气。可拆下机油管，用手枪式机油壶倒灌机油（加引油），并转动飞轮，让机油溢出为止。

如果加引油的方法不能解决时，应考虑网式滤清器管接螺栓和铜垫片是否有问题。简单的办法是将机头抬起，让管接螺栓浸入机油中，转动飞轮，如能出油，则说明管接螺栓漏气。

② 如管接螺栓无问题，可拆下后盖，检查机油闷头是否装上。

③ 最后应考虑机油泵调整垫片是否过多，机油泵内转子端面间隙超过 0.1 mm 时，泵油压力不足；反之，机油压力过高，应检查调整机油泵端面间隙。

（3）供油量检查。

对于某些没有限压阀的机油泵，可直接检查供油量。启动试验台，将试验台主轴转速调到机油泵工作转速。关闭节流阀，当量油管中油面升到"0"位时，开始计时，1 min 后量油管中油面读数即为机油泵供油量。对于未经修理的机油泵供油量，允许比规定值低 10%。

经试验调整后，机油泵仍然不能满足技术要求时，应拆卸检查修理。

（4）机油泵壳体检查修理。

机油泵壳体的主要缺陷是机油泵主轴承座孔的磨损、被动齿轮轴孔的磨损、螺纹孔的损坏及壳体裂纹等。机油泵主轴承座孔磨损过大，可按修理尺寸将孔铰大；换用同级修理尺寸的，采用轴孔镶套法来恢复至公称尺寸。机油泵壳体裂纹可采用焊接修理；壳体上的螺纹孔可扩孔镶套后再攻标准丝修理。

机油泵齿轮端部与泵盖磨损后，间隙增大，泵油量及泵油压力下降，端面间隙若超出标准，应视具体情况修理。若泵壳底部磨损，应磨光磨损表面；若泵盖及其与齿轮端面配合部位磨损较轻，可进行研磨修理。研磨时用力要均匀，研磨后平面要平整，不偏斜；若端面间隙过大，可先车削、后研磨各个端面。

机油泵壳体技术要求：主动齿轮轴承孔轴线与被动齿轮轴承孔轴线的平行度误差不超过100∶0.14；泵壳端面与轴线的垂直度误差不大于 100∶0.1；结合面的平面度误差不大于 0.05 mm。

2. 机油泵零件的修理

（1）机油泵壳的修理。

检查机油泵孔的磨损程度，螺孔是否损坏，泵壳有无裂纹。机油泵壳主动轴孔与轴的配合间隙应为 0.03 ~ 0.075 mm，最大不得超过 0.20 mm。间隙超过规定，或晃动泵轴有明显空旷感觉时，应更换或将主动轴涂镀加粗。机油泵壳螺纹损坏，应更换为新品或进行堆焊，重新钻孔攻丝修复，泵壳破裂应更换或焊修。

（2）机油泵盖的修理。

齿轮式机油泵驱动齿轮啮合时，产生的轴向力一般都向下，它使齿轮端面与泵盖内表面磨损。泵盖如有磨损或翘曲，凹陷超过 0.05 mm 时，应以车、研磨等方法进行修复；泵盖上装有限压阀时，还应检查弹簧的弹力和阀体，必要时应更换新品。

（3）机油泵轴的修理。

用千分表检查泵轴是否弯曲，如果指针摆差超过 0.06 mm 时，应进行校正。主动轴与轴套孔的配合间隙，可用限度为 0.15 mm。被动轴如有明显的单面磨损，可将其压出，把磨损面调转 180°，再压入孔内继续使用。主动轴上端铆固的传动齿轮与泵壳尾端之间的间隙一般为0.025 ~ 0.075 mm，最大不超过 0.15 mm，超过时，可在泵壳尾端焊修或加垫调整。

机油泵齿轮技术要求：检查主、被动齿轮啮合间隙，可用厚薄规在互成 120°处分三点测量机油泵齿轮啮合间隙的标准值为 0.05 mm，磨损量最大不得超过 0.20 mm。齿隙增大的原因是由齿轮的磨损或主动轴与泵壳、被动轴与齿轮轴孔之间的磨损引起的。如果齿轮磨损不严重，可将齿轮转面使用；如果磨损超过使用限度，应成对更换齿轮。主、被动齿轮与传动齿轮齿面上如有毛刺，可用油石光磨。

3. 机油泵的装配与试验

装配时按分解的相反顺序进行，边装边复查各部位配合情况，如齿轮的啮合间隙，主、被动轴与壳体，主动轴与齿轮轴孔的配合等。应检查调整主、被动齿轮与泵盖之间的间隙，一般应在 0.05 mm 左右，最大不得超过 0.15 mm。若此间隙过大，机油泵工作时，润滑油便从此间隙窜漏，使供油压力降低，此故障可通过减薄泵盖与壳体之间的衬垫加以调整。检查方法是在主动齿轮与泵盖之间加入一段铅丝，装上泵盖，拧紧螺钉，然后拆下泵盖，测量被压以后的铅丝的厚度，即为间隙。

机油泵装配后，是否恢复了技术状态，必须经过试验。通常采用经验检查法，即用手转动装复后的机油泵传动齿轮，应转动自如，无卡阻现象；将润滑油灌入机油泵内，用拇指堵住油孔，转动泵轴应有油压出，并感到有压力。

机油泵试验时，应使主要试验条件接近内燃机正常的工作条件，比较客观地反映出机油泵的技术状态。

（1）机油泵转速对机油泵的泵油量的影响比较大。试验证明，当压力不变时，转速与泵油量的变化呈近似的直线关系。对于不同机型的机油泵，应按其所要求的转速进行试验。

（2）试验压力。润滑油在润滑系内循环时，具有一定阻力。试验时应以人为的方法造成一定的阻力，使其与在柴油机内流动时的阻力一样或很接近。试验压力应根据不同柴油机的要求进行调整，试验压力一般与正常工作压力相同。

（3）机油黏度。当柴油机工作时，摩擦表面的工作温度很高，润滑油的工作温度为 80 ~ 90 °C，这时机油黏度很低。为了使试验条件接近实际工作条件，在试验机油中加入一定比例的煤油。

试验条件规定要求试验室内温度为 20 °C。一般温度上、下偏差几度时，对试验结果影响不大。

机油泵装车后，外接压力表观察润滑油压力。在内燃机温度正常的情况下，怠速时，润滑油压力不应低于 30 kPa；当柴油机高速运转时，润滑油压力不应大于 200 kPa。如不符合标准，应调整限压阀。其调整方法是当润滑油压力过低时，可以在限压阀弹簧一端加厚垫圈，增大弹簧张力，使润滑油压力增加；当润滑油压力过高时，可在限压阀螺塞与泵盖之间加垫片，减小弹簧张力，使润滑油压力降低。如果由于球阀关闭不严而影响润滑油压力，应更换新件。若机油泵和限压阀均无故障，应检查润滑油是否过稀、机油表和传感器是否良好、曲轴轴承和连杆轴承间隙是否过大等。

5.7.2　机油滤清器的修理

内燃机润滑系在使用了一段时间以后，其中混有内燃机零件摩擦产生的金属屑和其他机械杂质，以及机油本身产生的胶质。这些杂质若随机油进入润滑油路，将加速柴油机零件的磨损，还可能堵塞油管和油道。为了不使这些杂质进入主油道，内燃机润滑油路中装有机油滤清器。

机油滤清器应每7 500 km左右（车用）更换一次，对于经常行驶在恶劣道路条件下的车辆，应经常检查机油情况，必要时，缩短更换机油滤清器的期限。

（1）集滤器的修理。

常见的集滤器是浮式集滤器，损坏形式多为浮子有凹陷、裂纹和渗漏，浮子下沉等，均应焊修。滤网损坏、弹性不足均应更换。装复时应注意活动管接头的活动能力，要求配合密封，活动自如。

（2）滤清器的修理。

对于铸铁的滤清器外壳裂纹，可用铜焊及铸铁焊条焊修，在裂纹两端各钻直径3 mm的止裂孔，沿裂纹开V形槽，分段逆焊。对于滤清器壳体和滤清器盖变形应进行修整。

将粗滤芯彻底清洗后装好，粗滤器手柄应转动灵活，且没有轴向间隙的感觉。调整好旁通阀的压力，使其性能良好，在滤清器堵塞的情况下，保证机油的供应。机油粗滤器的调压阀应在试验台上调整开启压力，一般粗滤器旁通阀的开启压力为100~150 kPa。离心式转子滤清器进油阀应在试验台上调试压力，在300 kPa压力时，转速应不低于5 000 r/min。

（3）曲轴前后油封的修理。

内燃机前油封漏油，说明正时齿轮盖上的油封与其相配合的皮带轮轴颈部位均遭受严重磨损或装配不当。若皮带轮颈部表面磨损严重，可以用镶套法修复，并恢复至标准尺寸。如属装配不当，可拆下重新装配。此外，正时齿轮盖油封座孔的变形易引起前端漏油，修理时应检查和修理。曲轴皮带轮轴颈与皮带轮内孔配合间隙不符合要求，也易发生漏油现象，这时应恢复到标准要求。造成曲轴后端漏油的原因大致是后油封装配不当、后轴颈与轴承间隙过大、回油螺纹被脏物填塞等。

S195型柴油机的润滑系统采用网式滤清器，在工作时必须注意滤网的清洁与完好，每工作150 h或消耗柴油200 kg，应拆下清洗。若有少量破损，可以用锡焊补；破损较大的应及时更换。

安装时需要注意网式滤清器底面应与油底壳底平行；滤网弹簧圈应平整，并且有一定的弹性，以防滤网脱落；滤网油管接头平面与机体管接螺栓连接处两端需加钢垫片，保证密封。

参考文献

［1］ 林波，李兴虎. 内燃机构造[M]. 北京：北京大学出版社，2008.

［2］ 王新晴. 内燃机修理[M]. 北京：国防工业出版社，2008.

［3］ 周龙保. 内燃机学[M]. 3 版. 北京：机械工业出版社，2007.

［4］ 傅成昌，傅晓燕. 柴油机使用维修技术[M]. 北京：石油工业出版社，2012.

［5］ 刘越琪. 发动机电控技术[M]. 北京：机械工业出版社，2004.

［6］ 宋飞舟. 实用柴油机使用维修技术[M]. 太原：山西科学技术出版社，2006.